# 低压电器
## ——项目式教学

主　编　李　璇　韩秀萍
副主编　关祥龙　张亚龙
　　　　汤家升　朱帅帅

苏州大学出版社

图书在版编目(CIP)数据

低压电器：项目式教学 / 李璇，韩秀萍主编.
苏州：苏州大学出版社，2024.12. -- ISBN 978-7
-5672-5088-8

Ⅰ.TM52

中国国家版本馆 CIP 数据核字第 2024B1V495 号

| 书　　名： | 低压电器：项目式教学 |
| --- | --- |
| 主　　编： | 李　璇　韩秀萍 |
| 责任编辑： | 赵晓嬿 |
| 装帧设计： | 刘　俊 |
| 出版发行： | 苏州大学出版社（Soochow University Press） |
| 社　　址： | 苏州市十梓街 1 号　邮编：215006 |
| 印　　刷： | 广东虎彩云印刷有限公司 |
| 邮购热线： | 0512-67480030 |
| 销售热线： | 0512-67481020 |
| 开　　本： | 787 mm×1 096 mm　1/16　印张：11　字数：268 千 |
| 版　　次： | 2024 年 12 月第 1 版 |
| 印　　次： | 2024 年 12 月第 1 次印刷 |
| 书　　号： | ISBN 978-7-5672-5088-8 |
| 定　　价： | 36.00 元 |

图书若有印装错误，本社负责调换
苏州大学出版社营销部　电话：0512-67481020
苏州大学出版社网址　http://www.sudapress.com
苏州大学出版社邮箱　sdcbs@suda.edu.cn

## 出版说明

　　五年制高等职业教育（简称"五年制高职"）是指以初中毕业生为招生对象，融中高职于一体，实施五年贯通培养的专科层次职业教育，是现代职业教育体系的重要组成部分。

　　江苏是最早探索五年制高职的省份之一，江苏联合职业技术学院作为江苏五年制高职的办学主体，经过 20 年的探索与实践，在培养大批高素质技术技能人才的同时，在五年制高职教学标准体系建设及教材开发等方面积累了丰富的经验。"十三五"期间，江苏联合职业技术学院组织开发了 600 多种五年制高职专用教材，覆盖了 16 个专业大类，其中 178 种被认定为"十三五"职业教育国家规划教材，学院教材工作得到国家教材委员会办公室认可并以"江苏联合职业技术学院探索创新五年制高等职业教育教材建设"为题编发了《教材建设信息通报》(2021 年第 13 期)。

　　"十四五"期间，江苏联合职业技术学院将依据"十四五"教材建设规划进一步提升教材建设与管理的专业化、规范化和科学化水平。一方面将与五年制高等职业教育发展联盟成员单位共建共享教学资源；另一方面将与高等教育出版社、江苏凤凰职业教育图书有限公司等多家出版单位联合共建五年制高职教材研发基地，共同开发五年制高职专用教材。

　　本套"五年制高职专用教材"以习近平新时代中国特色社会主义思想为指导，落实立德树人的根本任务，坚持正确的政治方向和价值导向，弘扬社会主义核心价值观。教材依据教育部《职业院校教材管理办法》和江苏省教育厅《江苏省职业院校教材管理实施细则》等要求，注重系统性、科学性和先进性，突出实践性和适用性，体现职业教育类型特色。教材遵循长学制贯通培养的教育教学规律，坚持一体化设计，契合学生知识获得、技能习得的累积效应，结构严谨，内容科学，适合五年制高职学生使用。教材遵循五年制高职学生生理成长、心理成长、思想成长跨度大的特征，体例编排得当，针对性强，是为五年制高职量身打造的"五年制高职专用教材"。

江苏联合职业技术学院<br/>
教材建设与管理工作领导小组<br/>
2022 年 9 月

# 前言

低压电器包括配电电器和控制电器两大类,是组成成套电气设备的基础配套元件。本教材将"低压电器"定义为:根据使用要求及控制信号,通过一个或多个器件组合,能手动或自动分合额定电压在直流(DC)1 200 V、交流(AC)1 500 V 及以下的电路,以实现电路中被控制对象的控制、调节、变换、检测、保护等作用的基本件。

本教材采用模块化教学、项目引领、任务导向的模式编写。全书共安排 4 个单元、9 个项目、20 个任务,内容涉及安全用电,常用低压电器及一些新型电器的结构、工作原理、用途及应用,不涉及元件的设计、制造。另外,本教材也介绍了这些电器的图形符号及文字符号,以及可编程逻辑控制器(PLC)在电动机控制中的应用等,为电气控制电路设计打下基础。本教材内容翔实、理实一体,既可作为职业学校教材使用,又可作为专业岗位培训用书。

本教材在编写过程中,全面贯彻教育部新一轮职业教育教学改革的精神,着重体现以下特色:

1. 紧密联系生产劳作实际和社会实践,突出应用性和实践性。教材内容突出与现实生活和岗位职业的联系,引导教与学向生产技术与生产岗位的实际需求方向靠拢,并注意与相关职业资格考核要求相结合。同时,教材引用了大量新知识、新技术、新方法、新工艺,与专业领域的发展接轨。

2. 突出实践技能的培养,体现"做中学,做中教"的职业教育教学特色。本教材以项目来引领,让学生明确每个项目的意义;以任务来导向,让学生在"任务描述"中明确任务目标,在"知识储备"中增补实现任务所需的新知识,在"做中学"中掌握技能,在"任务评价"中自评、互评,增强责任感、成就感,培养学习兴趣、激发学习动力、提高职业意识、规范操作技能。

3. 教材编排生动活泼,版式新颖,充分体现了以学生为本的思想。教材中设"做中教""做中学""要点提示""思考与拓展"等小栏目,条理清晰,易教易学。其中,恰当、适时的"要点提示"可以给学生针对性、关键性的点拨与提示,方便学生对知识点的高效把握。同时,教材中采用了大量的图表,避免了纯文字性的描述,尽量多地选取实物图、操作图、步骤图,并在图中做简明扼要的标识,方便学生理解。

4. 思政融入,价值引领,强化学生价值观的塑造。通过将思政教育融入教材来进行潜性教育，培养学生的批判性思维，帮助他们树立正确的人生观、世界观和价值观。同时，促进知识传授与价值引领的结合，在知识传播中实现价值引领，在价值传播中实现知识的传递，这种结合能够增强育人实效性，更好地实现立德树人的目标。

本教材建议学时为 64 学时，在实施教学过程中，倡导开展理实一体化的教学方式。

本教材各部分内容学时分配建议如下：

| 序号 | 内容 | 理实一体化课时 |
| --- | --- | --- |
| 单元一 | 认识电工实训室 | 8 |
| 单元二 | 常用低压电器的使用 | 16 |
| 单元三 | 三相异步电动机及其控制 | 24 |
| 单元四 | PLC 在电动机控制中的应用 | 16 |
| 合计 | | 64 |

由于编写时间仓促和编者水平所限，本教材难免有疏漏之处，敬请读者批评指正，提出宝贵意见，以便我们能更好地对教材进行修订和完善。

## 单元一 认识电工实训室 ··· 001

### 项目一 认识安全用电 ··· 001
### 项目二 认识常用电工仪表 ··· 008

## 单元二 常用低压电器的使用 ··· 015

### 项目一 常用低压保护电器 ··· 047
  任务一 低压熔断器的使用 ··· 047
  任务二 热继电器的使用 ··· 051
  任务三 低压断路器的使用 ··· 056

### 项目二 常用低压控制电器 ··· 062
  任务一 刀开关、组合开关的使用 ··· 062
  任务二 交流接触器的使用 ··· 069
  任务三 时间继电器的使用 ··· 074
  任务四 主令电器的使用 ··· 084

## 单元三 三相异步电动机及其控制 ··· 093

### 项目一 认识三相异步电动机 ··· 093
  任务一 认识三相异步电动机的结构 ··· 093
  任务二 掌握三相异步电动机工作过程 ··· 098

### 项目二 三相异步电动机的单向运转控制 ··· 101
  任务一 电气原理图的绘制 ··· 101
  任务二 掌握三相异步电动机点动控制线路 ··· 103
  任务三 掌握三相异步电动机单向连续控制线路 ··· 106

### 项目三 三相异步电动机的正反转控制 ··· 109
  任务一 掌握接触器联锁正反转控制线路 ··· 110
  任务二 掌握双重联锁正反转控制线路 ··· 116
  任务三 掌握三相异步电动机自动往复循环控制线路 ··· 119
  任务四 掌握三相异步电动机降压启动控制线路 ··· 122

## 单元四　PLC 在电动机控制中的应用　129

### 项目一　PLC 的硬件与软件　129
　　任务一　认识 PLC 的硬件　131
　　任务二　认识 PLC 的软件　142
### 项目二　利用 PLC 改造三相异步电动机基本控制线路　146
　　任务一　利用 PLC 控制三相异步电动机正反转　146
　　任务二　利用 PLC 控制自动配料装车系统　149

## 附　录　155

# 单元一　认识电工实训室

## 项目一　认识安全用电

● 任务描述

在现代社会中,电已经是人们生活、工作和生产中不可缺少的能源。在电的使用过程中,如果操作不当,就会造成人身触电、设备损坏,甚至波及供电系统的安全运行,导致单相停电、生产停工并引起火灾等事故。因此,必须学习安全用电知识,认真执行各项安全用电技术规程。

**一、学习目标**

(1) 了解三相四线制、三相五线制的供电方式。

(2) 了解电流对身体的伤害种类、危害及救护方法,明确常见的触电方式。

(3) 掌握用电的安全措施、急救措施以及防火灾的有关技术措施和要求。

(4) 熟悉电工实验台各模块功能,了解接地保护与接零保护。

(5) 能运用安全用电知识,规范实践操作,严格执行操作流程,提高安全责任意识。

**二、学习内容**

(一) 触电的种类

**人体是导电体,人体因触及带电体而承受过高电压引起的过大电流造成局部受伤甚至死亡的现象称为触电。** 人体触电伤害一般有电击和电伤两大类。

电击是指电流通过人体时所造成的内伤,它可使肌肉抽搐,内部组织受损,有发热、麻木、神经麻痹等症状,严重时会引起昏迷、窒息,甚至使心脏停止跳动、血液循环中止等以致死亡。触电死亡事故中绝大部分是电击造成的。

电伤是在电流的热效应、化学效应、机械效应以及电流本身作用下造成的人体外伤。常见的电伤有烧伤、烙伤、皮肤金属化等。烧伤主要是电弧烧伤,造成皮肤红肿、烧焦或皮下组织损伤;烙伤是皮肤被电器发热部分烫伤或人体与带电体紧密接触而留下肿块、硬块、皮肤变色等;皮肤金属化是由电弧导致熔化的金属微粒渗入皮肤表层,使受伤部位皮肤带金属颜色且留下硬块。电伤的危险性虽然比电击小,但严重的电伤仍可置人于死地。

(二) 常见的触电形式

1. 单相触电

人体的一部分接触带电体的同时,另一部分又与地线(或中性线)相接,电流从带电体出发流经人体到达大地(或中性线)形成回路而引起的触电,称为单相触电,如图1-1所示。大部分触电死亡事故都是这种触电形式造成的。

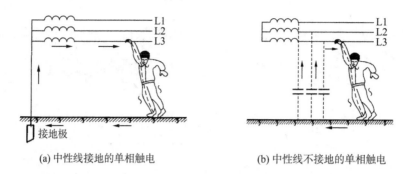

(a) 中性线接地的单相触电　　　　(b) 中性线不接地的单相触电

图 1-1　单相触电

2. 两相触电

人体的不同部位同时接触两相电源带电体形成回路而引起的触电，称为两相触电，如图 1-2 所示。

3. 跨步电压触电

由跨步电压引起的触电称为跨步电压触电。所谓跨步电压是指当雷电入地或载流电力线（特别是高压线）断落到地时，会在导线接地点及周围形成强电场，电场中其电位分布以接地点为圆心向周围扩散并逐步降低，这样在该电场中不同的位置之间就有电位差（电压），当人跨入这个区域时，两脚之间的电压称为跨步电压（$U_{SV}$），如图 1-3 所示。

图 1-2　两相触电　　　　图 1-3　跨步电压触电

4. 悬浮电压触电

由悬浮电压引起的触电称为悬浮电压触电。电源经变压器相互隔离后，二次绕组输出的电压中性线不接地，变压器绕组间不漏电时，相对于大地处于悬浮状态，人若站在地上接触其中一根带电导线，不会形成电流回路，因此不会触电。但若人体的一部分接触二次绕组的一根导线，另一部分接触该组的另一根导线，则会造成触电。

（三）常见的触电原因

引起触电的原因多种多样，在工农业生产和日常生活中，常见的触电原因有以下几种。

1. 线路安装不合格

线路安装不符合安全规范，如室外线对地距离、导线之间的距离小于允许值，电力线与电话线、广播线间隔太近或同杆架设；电线乱搭乱拉；电线太细或破旧；开关、插座安装太低；相线不进开关、熔断器误装在中性线上等。

2. 用电设备不符合要求

电气设备质量不合格或安全性能不符合要求；电气设备内部绝缘部分损坏；金属外壳未加保护接地措施或接地电阻太大；开关、闸刀、灯具、携带式电器的绝缘外壳破损失去保护作用等。

3. 电器操作违反规程

没有可靠保护措施的带电操作；不熟悉电器，盲目修理电路；停电检修不挂警告牌；检修电器、电路时使用不合格的工具；救护已触电的人时，自身不采取安全保护措施；无绝缘措施或屏蔽措施时，人体与带电体过分接近等。

4. 用电不谨慎

随意加大熔断器熔体规格；随意多接负载；用湿布或湿手接触、揩拭带电电器及设备；在电线上或电线附近晾晒衣物；在电线（特别是高压线）附近放风筝；未切断电源移动家用电器等。

（四）用电安全措施

1. 工作接地

工作接地是指必须把电力系统中性点接地，以便电气设备可靠运行。它的作用是降低人体的接触电压，因为此时一相导线接地后，可形成单相短路电流，有关保护装置就能及时产生动作从而切断电源，如图1-4所示。

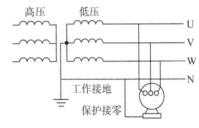

图1-4 工作接地和保护接零示意图

2. 保护接零

保护接零是指在电源中性点直接接地的三相四线制（380/220 V）供电系统中，把电气设备在正常情况下不带电的金属外壳与电源中性点可靠地连接起来。它的作用是当电气设备发生漏电，碰到外壳形成相线对中性线的单相短路，电气设备外壳直接接系统的中性线，短路电流经中性线形成闭合回路时，使这种碰壳短路变成单相短路，有关保护装置就能可靠地迅速切断电源，从而起到保护作用。

3. 保护接地

电气设备因绝缘老化或损坏，当人体触及时将遭受触电危险，故一般将电气设备的金属外壳通过接地装置与大地可靠地连接起来，这就叫保护接地。保护接地适用于电源中性点不接地的低压电网中，如图1-5所示。

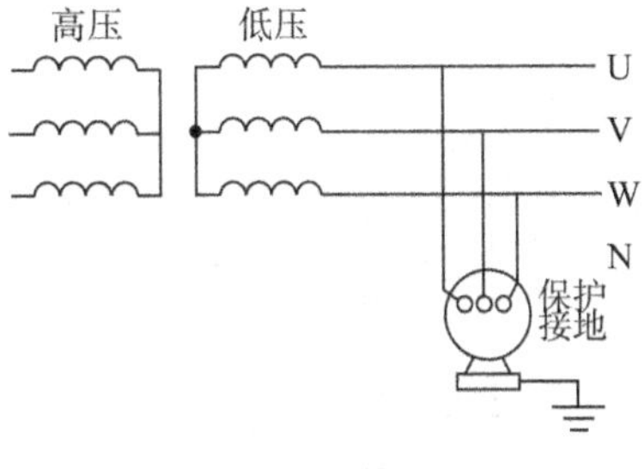

4. 漏电保护装置

图1-5 保护接地示意图

漏电时常出现的两种现象：一是金属外壳带电，二是三相电流的平衡遭到破坏。漏电保护装置通过检测机构获取这两种异常信号，经过中间机构的转换传递，使执行机构产生动作，通过开关设备立即切断电源起到保护作用。漏电保护装置分为电压型和电流型两类，其中电流型又有电磁式和电子式之分。

（五）安全电压

安全电压是指在一定条件下，对人体不构成危害的电压。根据国家标准，安全电压的额定值适用于不同场合，以确保操作人员的安全。我国国家标准规定，50~500 Hz的交流电压安全额定值为 42 V、36 V、24 V、12 V、6 V 五个等级，并规定任何时候安全电压不得超过 50 V（有效值）。

**当电气设备采用大于 24 V 的安全电压时，必须有防止人体直接触及带电体的保护措施。**我国规定局部照明安全电压为 36 V，在潮湿与导电的地沟或金属容器内工作时安全电压为 12 V，在水下工作时安全电压为 6 V。

（六）其他用电事故

除触电外，较为常见的其他用电事故是电气火灾。电气火灾由短路、过载及电焊、电火花加工的明火等引起。遇到电气火灾时，首先应迅速切断电源，防止火势蔓延和灭火时发生触电事故。在未切断电源时，不可用水或泡沫灭火器灭火，应用干粉灭火器、气体灭火器或黄沙灭火。

其预防方法有：在线路设计上应充分考虑负载容量及合理的过载能力；禁止过度超载及乱接乱搭电源线；用电设备有故障时应停用并尽快检修；某些电气设备应在有人监护的条件下使用，做到"人去停电"。

平时应注意加强防火措施，配备防火器材，使用防爆电器。发生电气火灾时，要冷静处理，先切断电源（用木柄消防斧切断电源进线），同时拨打火警电话"119"报警。

灭火用品只能用干粉、二氧化碳、四氯化碳灭火器等灭火器材。

注意：在未确定火灾现场已全部切断电源线之前，禁止使用灭火器和用水灭火。

（七）触电及救护

1. 使触电者迅速脱离电源

如救护者离开关或插座较近，应迅速拉下开关或拔出插头以切断电源；如触电现场离开关较远或不具备切断电源的条件，应使用干燥的木棒、竹竿等绝缘物体将电线拨开，如图 1-6（a）所示；如果触电者穿的是比较宽松的干燥衣服，救护者可站在干燥木板上用一只手抓住衣服将其拉离电源，但切不可触及触电者的皮肤，如图 1-6（b）所示；或用带有绝缘柄的工具切断电线，如图 1-6（c）所示。如果救护者手边有绝缘导线，可先将一端良好接地，再将另一端接在触电者所接触的带电体上，形成短路，迫使电路跳闸或熔体熔断，达到切断电源的目的，在搭接绝缘导线时要注意救护者自身的安全。

(a) 将触电者身上的电线拨开　　(b) 将触电者拉离电源　　(c) 用带有绝缘柄的工具切断电线

图 1-6　使触电者脱离电源的方法

2. 对触电者进行救护

触电者脱离电源后，应将其移至通风干燥的地方，将衣、裤放松，使其仰卧，救护者应检查触电者呼吸、心跳是否停止,瞳孔是否放大,并根据触电者受伤害的不同程度、不同症状表现进行相应的救治,同时迅速通知医务人员前来抢救。

两种触电情况的处理:高压时,特别注意运用可靠绝缘器材来做断电操作;低压时,注意救护者自身可靠绝缘,如不能光脚站立在地上、不能用湿手操作开关等。触电者在高空时,应特别注意跌落伤害。

救护者必须要有耐心,持续不断地进行人工呼吸及心脏复苏,直至触电者苏醒,即使在送往医院的途中也不能停止抢救。

● 做中学

### 一、任务要求
(1)熟悉实验室供电系统及接地测量。
(2)掌握基本测量的意义与测量误差。
(3)熟悉器件的固定与连接、测量结果的处理。
(4)了解任务中可能会出现的故障及排除方法。

### 二、任务原理与说明

1. 实验室供电系统

(1)三相四线制:

实验室配电系统为三相四线制,如图1-7所示,$A$、$B$、$C$为三条火线;0为零线。

(2)三相五线制:

实验室配电系统为三相五线制,如图1-8所示,$A$、$B$、$C$为三条火线;0为零线;GND为地线。

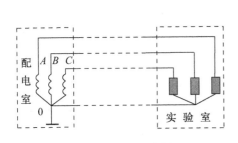

图1-7 三相四线制

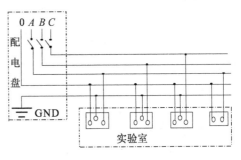

图1-8 三相五线制

2. 测量接地点——大地

测量接地点如图1-9所示。

3. 接地与悬浮地

当测量仪器采用三芯电源线供电时,测量是以大地为参考点进行的,测量状态称为接地,只能测量电位;若采用二芯电源线供电,因测量仪器外壳不与大地连接,此时测量状态称为悬浮地。测量仪器悬浮地时,可

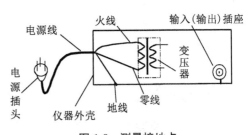

图1-9 测量接地点

测任意两点间电压。

4. 电路原理图与实验电路图的区别

电路原理图：用电路元件符号表示电路连接的图，简称电路图。电路图中允许省略独立源（激励源）符号以文字代之，用来反映电路结构及作理论分析之用。

实验电路图：包括测量仪器在内的被测系统测试连接图。独立源、测量仪器不可省略，必须有接地符号。实验电路图是搭接电路，以及进行系统测试、连接的依据。

### 三、所需设备、材料和工具

信号源、毫伏表、电阻、交流电源。

### 四、任务内容

（1）观察实验台的配电系统，测出三芯电源线和二芯电源线的地线及零线，并画出示意图。

（2）图1-10为一实验电路图，请画出它的电路原理图。

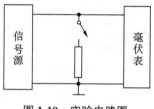

图1-10 实验电路图

### 五、任务评价

任务评价如表1-1所示。

表1-1 安全用电任务评价表

| 任务名称 | 安全用电 | 学生姓名 | | 学号 | | 组号 | | 班级 | | 日期 | |
|---|---|---|---|---|---|---|---|---|---|---|---|
| 项目内容 | | 评分标准 | | | | | | | | 得分 | |
| 熟悉安全用电规程 | | 熟知安全用电注意事项及相关电工操作规程（10分） | | | | | | | | | |
| 接地、接零观察 | | 1. 熟知接地、接零概念（10分） | | | | | | | | | |
| | | 2. 实地观察中能正确区分电气设备的接地、接零情况（10分） | | | | | | | | | |
| | | 3. 会进行接地、接零操作（20分） | | | | | | | | | |
| 电气故障排除、检修 | | 1. 能够准确找到故障点（10分） | | | | | | | | | |
| | | 2. 能够准确排除故障（10分） | | | | | | | | | |
| | | 3. 能够安全操作、遵守规范要求（20分） | | | | | | | | | |
| 小组合作 | | 小组协作、共同完成（10分） | | | | | | | | | |
| 总评 | | | | | | | | | | | |

### 六、思考与拓展

（1）三相四线制和三相五线制的区别是什么？

（2）常见的人体触电方式有哪几种？常见的安全用电措施有哪几种？

（3）致人死亡的电流值是多少？人身通过电流的安全界限值是多少？

● 思政课堂

### 一、警示案例

（1）2023年11月21日，江西省某技师学院一男生宿舍突发火灾，事故原因疑似劣质插线板引发短路起火，造成一间宿舍被烧，无人员伤亡。

（2）2024年1月19日，河南某学校发生火灾，造成13人遇难、多人受伤，火灾原因初判为宿舍内使用电取暖器导致起火。

（3）2024年4月17日，江苏省某职业技术学院一宿舍起火，一个床位的被子被烧毁，所幸无人员伤亡。据初步调查，事故原因为一名学生的充电宝自燃引发火灾。

## 二、宿舍安全用电小贴士

（1）认真学习并严格遵守校规校纪。

（2）不在宿舍内私拉乱接电源、电线。发现插座、电源开关或者线路故障应及时报修或更换。

（3）不存放和使用违章电器（包括但不限于：热得快、烧水壶、电炉、电磁炉、电饭煲、电炒锅、电取暖器、豆浆机、电熨斗、烤鞋器、电热毯、电热杯、酸奶机、咖啡机、蒸蛋器、电夹板、卷发棒、微波炉等电热电器）。要注意，凡是以发热为主要用途的电器，都存在一定的安全隐患。

（4）不购买、不使用"三无电器"，用电设备要严把质量关，认准"3C"标志，不能贪便宜、图省事、"将就用"。

（5）禁止随意更改、拆卸电源、线路、插座、插头等，以防发生电线短路、触电等意外事故。

（6）注意用电周边环境。若发现充电器、台灯等电器在使用过程中出现冒烟火星、散发焦糊异味等情况，应立即关掉电源开关，停止使用，并联系专业人员处理。接线板、插座周边不能放置易燃易爆物，要将其置于阴凉通风处，远离潮湿环境。

（7）发现触电者时应当立即关闭电源，使用干燥的木棍等绝缘体拨开电线，并及时报警求救。不可盲目上前施救，以免将自身置于危险之境。

## 项目二 | 认识常用电工仪表

● 任务描述

为了掌握工业设备的特性和运行情况,检查低压电器的质量好坏,借助各种电工仪表对低压电器和电路的相关物理量进行测量就变得尤为重要。因此,电气工程人员必须正确认识并掌握各种电工仪表的使用方法。

一、学习目标

(1) 了解万用表的工作原理。
(2) 熟悉万用表的面板功能。
(3) 掌握使用万用表测量电流、电压和电阻等物理量的方法。
(4) 学会正确使用万用表,提高安全意识。

二、学习内容

(一) 万用表的分类

万用表分为模拟式和数字式两类。前者使用指针式电流表,测量结果通过指针在表盘上显示;后者应用数字电路,测量结果可直接从液晶显示屏读出。

(二) 数字式万用表

现以 KJ9205 型数字式万用表为例,说明数字式万用表的结构、基本使用方法及使用注意事项。

1. 数字式万用表的结构

数字式万用表采用大规模集成电路,具有读数容易、准确,以及精度高、性能稳定、耐用、在强磁场下能正常工作等优点。但其反应速度低于模拟式万用表。KJ9205 型数字式万用表的面板如图 1-11 所示,主要分显示屏与操作面板两部分。显示屏可以直接显示被测对象的数值。操作面板上的转换开关用来转换不同的测量功能和量程。

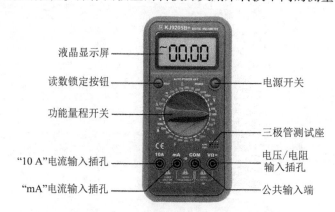

图 1-11　KJ9205 型数字式万用表面板图

2. 数字式万用表的使用方法

（1）使用前，应认真阅读有关的使用说明书，熟悉电源开关、量程开关、插孔、特殊插口的作用。

（2）将电源开关置于"ON"的位置（按下电源开关）。

（3）交、直流电压的测量：根据需要将量程开关拨至"DCV/$\overline{V}$"（直流）或"ACV/$\widetilde{V}$"（交流）的合适量程，红表笔插入"VΩ"孔，黑表笔插入"COM"孔，并将表笔与被测线路并联，显示屏即显示数值。

（4）交、直流电流的测量：将量程开关拨至"DCA/$\overline{A}$"（直流）或"ACA/$\widetilde{A}$"（交流）的合适量程，红表笔插入"mA"孔（<200 mA时）或"10A"孔（≥200 mA时），黑表笔插入"COM"孔，并将万用表串联在被测电路中即可。测量直流量时，数字式万用表能自动显示极性。

（5）电阻的测量：将量程开关拨至"Ω"的合适量程，红表笔插入"VΩ"孔，黑表笔插入"COM"孔。如果被测电阻值超出所选择量程的最大值，万用表将显示"1"，这时应选择更高的量程。测量电阻时，红表笔为正极，黑表笔为负极，这与指针式万用表正好相反。因此，测量晶体管、电解电容器等有极性的元器件时，必须注意表笔的极性。

3. 数字式万用表的使用注意事项

（1）如果无法预先估计被测电压或电流的大小，则应先将量程拨至最高挡测量一次，再视情况逐渐将量程减小到合适位置。测量完毕，应将量程开关拨到最高电压挡，并关闭电源。

（2）满量程时，仪表仅在最高位显示数字"1"，其他数字位均消失，这时应选择更高的量程。

（3）测量电压时，应将数字式万用表与被测电路并联；测量电流时，应将数字式万用表与被测电路串联。测直流量时不必考虑正、负极性。

（4）当误用交流电压挡去测量直流电压，或者误用直流电压挡去测量交流电压时，显示屏将显示"000"，或低位上的数字出现跳动。

（5）禁止在测量高电压（220 V以上）或大电流（0.5 A以上）时换量程，以防止产生电弧，烧毁开关触点。

（6）当显示"—""BATT""LOW BAT"时，表示电池电压低于工作电压。

（三）模拟式万用表

MF47型指针式万用表的面板如图1-12所示，主要分刻度盘与操作面板两部分。刻度盘即表头，是一个高灵敏度的直流电流表，在表盘上标注出测量种类和量程。操作面板上的转换开关用来转换不同的测量功能和量程。其他一些插孔及符号的含义说明如下：

（1）面板上标有"—"符号的代表直流，标有"~"符号的代表交流。

（2）"0 dB: 1 mW, 600 Ω"指600 Ω的负载上获得1 mW时的功率，规定为0 dB。

（3）面板底部的插孔"COM"表示表的公共端，插入黑表笔，测量时接被测电路的低电位点。在测电阻时，该端通过电阻与干电池的正极相接。"+"表示表的正端，插入红表笔,测量时接被测电路的高电位点。在测电阻时,该端通过熔体接干电池负极。

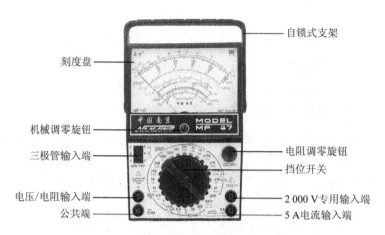

图 1-12　MF47 型指针式万用表面板图

1. 使用注意事项

（1）万用表使用时要置于水平状态,指针调零位,如不在零位,应用一字螺丝刀调整表头下方的机械调零旋钮,将指针调到零位。

（2）正确选择万用表上的测量项目及量程开关。

（3）选择与被测物理量数值相当的数量级量程。如果不知被测量值的数量级,应选择最大量程开始测量。如指针偏转太小,可把量程调小,一般以指针偏转角不小于最大刻度的 30% 为合理量程。

2. 测量直流电流

（1）MF47 型指针式万用表测量直流电流的挡位有 50 μA、0.5 mA、5 mA、50 mA、500 mA,共五个挡位。

（2）把万用表串接在被测电路中时,应注意电流的方向。正确的接法是把红表笔接入电流流入的一端,黑表笔接入电流流出的一端。如不知被测电流的方向,则可在电路一端先接好一支表笔,另一支表笔在电路的另一端轻轻地碰一下,如果指针向右摆动,说明接线正确；如果指针向左摆动,说明接线不正确,应将万用表两支表笔位置调换。

（3）在指针偏转大于或等于最大刻度的 30% 的前提下,应尽量选用较大量程挡,因为量程越大,分流电阻越小,电流表内阻越小,被测电路的引入误差越小。

（4）测量电流时,千万不要在测量过程中拨动量程选择开关,以免产生电弧,烧坏转换开关触点。

3. 测量直流电压

（1）MF47 型指针式万用表测量直流电压的挡位有 1 000 V、500 V、250 V、50 V、10 V、2.5 V、1 V、0.25 V,共八个挡位。

（2）把万用表并联接在被测电路中,在测量直流电压时应注意被测电压的极性,正确接法如图 1-13 所示。

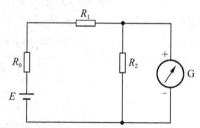

图 1-13　万用表测量直流电压

把红表笔接电压高的一端，黑表笔接电压低的一端。如果不知被测电压极性，可按测电流时的方法调整。

（3）为减小电压表内阻引入的误差，在满足指针偏转角大于或等于最大刻度的30%的前提下，应尽量选择较大量程挡。因为量程越大，分压电阻越大，表内等效内阻越大，则被测电路引入的误差越小。

4. 测量交流电压

（1）MF47 型指针式万用表测量交流电压的挡位有 1 000 V、500 V、250 V、50 V、10 V，共五个挡位。

（2）在测量交流电压时，不需要考虑极性问题，只需把万用表并联接在被测电路中即可。值得注意的是，被测交流电压必须是正弦波，其频率应小于或等于万用表的允许值，否则会产生较大误差。

（3）在测量交流电压时不要拨动量程开关，以免产生电弧，烧坏转换开关的触点。

（4）在测量大于或等于 100 V 的高电压时，必须注意安全，最好先把一支表笔固定在被测电路的公共端，然后用另一支表笔去碰触另一端试点。

5. 测量电阻

（1）测量时首先调零。把两表笔相碰，$R_x = 0$ 时（短路），调整操作面板右侧的"电阻调零"旋钮，使指针正确指在 0 Ω 处。

（2）为提高测试精度和保证被测对象的安全，必须正确选择合适的量程。一般测量电阻时，指针应在面板刻度 20%～80% 的范围内，这样测试精度才能满足要求。

（3）万用表作电阻表使用时，内接干电池，对外电路而言，红表笔接干电池的负极，黑表笔接干电池的正极。用万用表测二极管极间电阻的电路如图 1-14 所示。

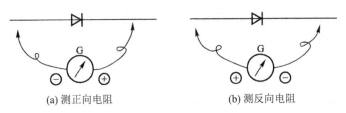

(a) 测正向电阻　　　　　　　　(b) 测反向电阻

**图 1-14　万用表测二极管极间电阻的正确接法**

（4）测量电阻时，手不要同时接触被测电阻两端，否则人体电阻就会与被测电阻并联，测试值会大大减小，使测量结果不正确。

（5）注意在测电路上的电阻时，要将电路电源切断，否则不但测量结果不正确（相当于外接一电源），还会使大电流通过微安表头，烧坏万用表。同时还应把被测电阻的一端从电路上断开，再进行测量，否则测得的是电路在该两点的总电阻。

（6）测量完成后，应注意把量程开关拨在交流电压的最大量程位置，千万不要放在电阻挡上，以防两支表笔万一短路时将内部干电池全部耗尽。

> 做中学

### 一、任务要求

（1）用万用表测量交流 36 V、220 V、380 V 电源的电压及直流 3 V、6 V 电源的电压。

（2）用万用表测量若干只电阻的阻值。

### 二、所需设备、材料和工具

所需设备、材料和工具如表 1-2 所示。

表 1-2　所需设备、材料和工具

| 名称 | 规格 | 单位 | 数量 |
| --- | --- | --- | --- |
| 万用表 | KJ9205 | 只 | 1 |
| 螺丝刀 | 150 mm | 个 | 1 |
| 直流电源 | 3 V、6 V | 个 | 各1个 |
| 交流电源 | 36 V、220 V、380 V | 个 | 各1个 |
| 电阻 | 各类 | 个 | 若干 |

### 三、任务内容

（1）用万用表分别测量 3 V、6 V 直流电源，记录电压的数据，计算测量误差，分析误差来源，记录到表 1-3。

表 1-3　直流电源的测量

| 直流电压/V | 测量值/V | 误差 | 误差分析 |
| --- | --- | --- | --- |
| 3 | | | |
| 6 | | | |

（2）用万用表分别测量 36 V、220 V、380 V 交流电源的电压，记录数据，计算测量误差，分析误差来源，记录到表 1-4，**在测量时一定要注意用电安全**。

表 1-4　交流电源的测量

| 交流电压/V | 测量值/V | 误差 | 误差分析 |
| --- | --- | --- | --- |
| 36 | | | |
| 220 | | | |
| 380 | | | |

（3）用万用表测量若干只电阻的阻值，记录数据，计算测量误差，分析误差来源，记录到表 1-5。

表 1-5　电阻的测量

| 电阻/Ω | 测量值/Ω | 误差 | 误差分析 |
|---|---|---|---|
|  |  |  |  |
|  |  |  |  |
|  |  |  |  |

### 四、任务评价

任务评价如表 1-6 所示。

表 1-6　万用表的使用任务评价表

| 任务名称 | 万用表的使用 | 学生姓名 | 学号 | 组号 | 班级 | 日期 |
|---|---|---|---|---|---|---|
|  |  |  |  |  |  |  |
| 项目内容 | 评分标准 |||||  得分 |
| 熟悉工具 | 熟知万用表的使用方法（10分） |||||  |
| 测量 | 1. 测量直流电压方法正确，读数准确（25分） |||||  |
|  | 2. 测量交流电压方法正确，读数准确（25分） |||||  |
|  | 3. 测量电阻方法正确，读数准确（20分） |||||  |
| 整理器材 | 规范整理实训器材（10分） |||||  |
| 文明生产、小组合作 | 严格遵守安全规程、文明生产、规范操作；小组协作、共同完成（10分） |||||  |
| 总评 |  |||||  |

### 五、思考与拓展

（1）万用表由哪几部分构成？通常能测量哪些数值？

（2）模拟式万用表测直流电压有哪些注意事项？

（3）使用数字式万用表时应注意哪些问题？

● 思政课堂

**中国电工仪表的发展及应用**

电工仪表作为电子工程技术人员和电子设备检测人员的常用工具，已被越来越多的人应用。随着电力建设的不断加速，我国的电工仪表也进入一个快速发展的时期，电工仪表制造企业紧跟时代步伐，在一些技术领域达到了世界先进水平，企业的集中度不断提高，生产规模不断扩大，技术核心竞争力也在不断增强，已具备了相当的优势。随着电力事业的发展，电工仪表的进一步发展也是可以预见的。

电工仪表行业发展到今天，大体经历了以下三个阶段：模拟阶段、数字化阶段、智能化阶段。

在 20 世纪 90 年代之前，电工仪表的应用主要是在模拟阶段。这个时期的电工仪表大多是磁电式模拟仪表，电能计量的标准也大多采用回转式模拟仪表。这类电工仪表技术层次不高，显示直观，维修方便，但可靠性、精度较差。

20世纪90年代后，随着我国改革开放的深入，我国电工仪表行业与国外同行的沟通交流加深，进口数字电表和高级数显表被引进，标志着我国电工仪表进入数字化阶段。材料科学、集成电路等技术的发展也对数字化电工仪表的发展起到了推动作用，这个时期的电工仪表准确度较高，可以达到0.01级。

随着芯片技术的进一步发展，电工仪表行业如今已进入智能化阶段。这个时期的电工仪表朝着智能、多功能、高精度等方向进一步迈进，技术应用更复杂，集成度更高，对电子工程技术人员的知识技能要求也相应更高。

电力部门作为电工仪表的最大用户，对电工仪表的要求也越来越高。伴随着技术的发展，一些技术先进、附加值高的电工仪表不断进入市场，如具有网络功能的电能表、多功能电能表、电表智能化负荷管理系统、智能型校验装置、大电流电能表等。普通用户接触的电工仪表大多还是传统的感应式电能表，但随着电力部门对电工仪表的要求提高，电子化、智能化的电工仪表发展将越来越快。

# 单元二  常用低压电器的使用

● 知识储备

低压电器包括保护电器和控制电器两大类,是组成成套电气设备的基础配套元件。低压电器的定义为:**根据使用要求及控制信号,通过一个或多个器件组合,能手动或自动分合额定电压在直流(DC)1 200 V、交流(AC)1 500 V 及以下的电路,以实现电路中被控制对象的控制、调节、变换、检测、保护等作用的基本件称为低压电器**。采用电磁原理构成的低压电气元件,称为电磁式低压电器;利用集成电路或电子元件构成的低压电气元件,称为电子式低压电器;利用现代控制原理构成的低压电气元件或装置,称为自动化电器或可通信电器;根据电器的控制原理、结构原理及用途,又有终端组合式电器、智能化电器和模数化电器等。低压电器的发展趋势是功能化、电子化、模块化、组合化、智能化。

低压电器的种类繁多,结构各异,功能多样,用途广泛。其分类方法很多,根据低压电器在电气线路中所处的地位和作用,可分为低压保护电器和低压控制电器两大类,低压电器的分类及用途如表 2-1 所示。

表 2-1  低压电器的分类及用途

| 低压电器名称 | | 主要品种 | 用途 |
| --- | --- | --- | --- |
| 保护电器 | 断路器 | 塑壳断路器 | 用于线路过载、短路、漏电或欠电压保护,也可用于不频繁接通和分断电路 |
| | | 框架断路器 | |
| | 熔断器 | 有填料熔断器 | 用于线路和设备的短路和过载保护 |
| | | 无填料熔断器 | |
| | | 半封闭插入式熔断器 | |
| | | 快速熔断器 | |
| | | 自复熔断器 | |
| | 刀形开关 | 大电流隔离器 | 主要用于电路隔离,也能接通、分断额定电流 |
| | | 熔断器式刀开关 | |
| | | 负荷开关 | |
| | 转换/组合开关 | 转换开关 | 主要用于两种及以上电源或负载的转换和通断电路 |
| | | 组合开关 | |

续表

| 低压电器名称 | | 主要品种 | 用途 |
|---|---|---|---|
| 控制电器 | 接触器 | 交流接触器 | 主要用于远距离频繁地启动或控制交、直流电动机，以及接通、分断正常工作的主电路和控制电路 |
| | | 直流接触器 | |
| | | 真空接触器 | |
| | | 智能化接触器 | |
| | 启动器 | 直接（全压）启动器 | 主要用于交流电动机的启动和正反向控制 |
| | | 星三角减压启动器 | |
| | | 自耦减压启动器 | |
| | | 变阻式转子启动器 | |
| | | 半导体式启动器 | |
| | | 真空启动器 | |
| | | 软启动器 | |
| | | 变频器 | |
| | 控制继电器 | 电流继电器 | 主要用于控制系统中控制其他电器或保护主电路 |
| | | 电压继电器 | |
| | | 时间继电器 | |
| | | 中间继电器 | |
| | | 温度继电器 | |
| | | 热继电器 | |
| | | 干簧继电器 | |
| | 控制器 | 凸轮控制器 | 主要用于电气控制设备中转换主回路或励磁回路的接法，以达到电动机启动、换向和调速的目的 |
| | | 平面控制器 | |
| | | 鼓形控制器 | |
| | 主令电器 | 按钮 | 主要用于接通、分断控制电路，以发布命令或用于程序控制 |
| | | 限位开关 | |
| | | 微动开关 | |
| | | 万能转换开关 | |
| | | 脚踏开关 | |
| | | 接近开关 | |
| | | 程序开关 | |
| | 电阻器 | 铁基合金电阻 | 用于改变电路参数或将电能转化为热能 |

续表

| 低压电器名称 | | 主要品种 | 用途 |
|---|---|---|---|
| 控制电器 | 变阻器 | 励磁变阻器 | 主要用于发电机调压以及电动机的平滑启动和调速 |
| | | 启动变阻器 | |
| | | 频敏变阻器 | |
| | 电磁铁 | 起重电磁铁 | 用于起重、操纵或牵引机械装置 |
| | | 牵引电磁铁 | |
| | | 制动电磁铁 | |

表2-1中的低压电器均属于一般用途的低压电器。为满足某些特殊场合的需要，如防爆、化工、航空、船舶、牵引、热带等，在各类电器的基础上还有若干派生电器。

低压电器根据其工作方式可分为自动和手动两类。自动电器是依靠外来信号或其本身参数的变化，通过电磁或压缩空气来完成接通、分断、启动、反向和停止等动作；手动电器是通过外力（用手或经杠杆）操作手柄来完成上述动作。

低压电器根据其工作条件或使用环境条件可分为一般工业通用低压电器和特殊用低压电器（包括船用低压电器、化工低压电器、矿用低压电器、牵引低压电器、航用低压电器等）。

（1）一般工业通用低压电器主要用于电厂、电所、机械制造厂等工业场所，作为配电系统和电气传动自动控制系统用电器及机床、通用机械的电气控制设备中的电气元件。

（2）船用低压电器是用于船舶、舰艇上的电器，具有一定耐潮、耐腐蚀和抗冲击、抗振动性能。

（3）化工低压电器主要用于石油化工等工业环境中，其设计需要满足特定的安全要求。化工低压电器的主要特点包括防爆、耐腐蚀和耐高温。

（4）矿用低压电器是用于矿山、井下及化学工业电器作业的电器，具有隔爆、密封、耐潮、抗冲击、抗振动性能，且整体非常坚固。目前已有控制电压至600 V、1 140 V的矿用低压电器。

（5）牵引低压电器是用于汽车、拖拉机、起重机械、电力机车等交通运输工具的耐振与耐颠簸摇摆的电器。

（6）航用低压电器是用在各种飞机和其他飞行器上的电器。

## 一、低压电器的发展概况与发展动向

### （一）我国低压电器的发展历程

近年来，我国低压电器行业出现了巨大的变化，低压电器产品发展到了一个崭新的阶段。我国低压电器产品的发展大致可分为以下三个阶段。

第一阶段，20世纪60年代初至70年代初，在模仿的基础上自行设计开发了第一代统一设计产品。其以CJ10、DW10、DZ10、JR16B等产品为代表，产品结构尺寸大、材料消耗多、性能指标不理想、品种规格不齐全。这代产品总体技术性能相当于国外20世纪50年代水平，有的是20世纪40年代水平，当时已被淘汰，但这一代产品对我国低压配电和控制系统的发展起了重要作用。

第二阶段，20世纪70年代后期到80年代，主要是进行产品的更新换代和引进国外先进技术制造第二代产品。更新换代的代表产品有CJ20接触器，DZ20、DW15断路器系列等。引进国外技术制造的代表产品有ME、3WE、3TB、B系列等。这批产品技术指标明显提高，保护特性较完善，体积缩小，结构上适应成套装置要求。总体技术性能水平相当于国外20世纪70年代末、80年代初的水平。其中，ME系列引进德国AEC公司技术，国内型号为DW17系列；3WE、3TB系列引进德国西门子（Siemens）公司技术，3TB系列的国内型号为CJX3系列；B系列引进德国ABB公司技术。

第三阶段，20世纪90年代，我国低压电器产业发展突飞猛进，不断跟踪国外新技术、新产品。自行开发、设计、研制的代表产品有DW40、DW45、DZ40、CJ40、S系列等，与国外合资生产的有M、F、3TF系列等。这些产品工作可靠、体积小，总体技术性能优良，接近或达到国外20世纪80年代末、90年代初的水平。其中，M系列应用法国施耐德（Schneider）公司技术；F系列应用德国F-G公司技术；3TF系列应用德国西门子公司技术。虽然已有技术含量较高的第三代电器产品出现，但其市场占有率仅在10%左右。

为了尽快提高我国的电力系统、自动控制系统、自动监测系统的自动化水平，必须大力发展第三代低压电器产品，淘汰和改善老产品，使低压电器产品在研制、开发、生产、检测各阶段实现全面飞跃。

我国低压电器制造工业飞速发展，特别是先进技术的引进，加快了新产品的问世。从国外公司引进的ME系列低压断路器、B系列交流接触器、T系列热继电器、NT和NGT系列熔断器、C45系列小型低压断路器等产品的制造技术，使低压电器产品基本上实现了国产化，有的产品还返销到国外。例如，我国自行生产的DW15-2500框架式低压断路器，额定电压380 V，分断能力为60 kA，符合国际电工委员会（IEC）标准。其特点是结构紧凑、新颖，使用、维修方便，采用电动操作方式并附有应急和维修手柄，保护性能齐全。引进先进技术开发的新产品B105系列交流接触器符合IEC和德国电气工程师协会（VDE）标准，体积小，重量轻，结构紧凑，使用方便，机械寿命达1 000万次，在额定电压380 V、使用类别为AC-3时，电寿命达到100万次。RT20/RT30系列有填料封闭式熔断器，功耗低，分断能力高达120 kA。

进入21世纪以来，低压电器在技术和功能上都有了很大的发展，各种继电器、接触器和断路器已经普遍采用电子和智能控制。随着现代设计技术、微机技术、微电子技术、计算机网络和数字通信技术的飞速发展，以及人工智能技术在低压电器中的应用，智能电器已经从简单地采用微机控制取代传统继电控制功能的单一封闭装置，发展到具有较完整的理论体系和多学科交叉的电器智能化系统，成为电气工程、工业供配电系统及工业控制网络技术新的发展方向。

（二）我国低压电器总体发展方向

低压电器产品的发展方向，取决于国民经济的发展和现代工业自动化发展的需要，以及新技术、新工艺、新材料的研究与应用。随着我国电力系统的飞速发展，低压配电系统网络化迫在眉睫。大力发展有通信功能的低压电器，实现与低压配电网络通信，是实现低压配电系统网络化、提高低压配电系统自动化程度及信息化的基础。目前，我国低压电器的总体发展方向大体如下。

1. 传统低压电器发展

随着科学技术进步，以及新技术、新材料、新工艺的不断出现，传统低压电器需要不断更新换代，目前正向着高性能、高可靠度、模块化、组合化、模数化、小型化和零部件通用化等几个方向发展。

模块化使电器制造过程更为简便，通过不同模块积木式的组合，电器可获得不同的附加功能。例如，新一代小容量接触器都设计成多功能组合模块式结构，在接触器主体的上、下、左、右侧可按需要加装机械联锁、延时元件、辅助触点和瞬态过电压抑制元件等模块，以实现不同的功能要求。

组合化使不同功能的电器组合在一起，使电器结构紧凑，减少线路中所需元件品种，并使保护特性得到良好配合。例如，我国自行开发生产的 KBO 型控制与保护开关电器（CPS），就是一种典型的组合化低压电器，它兼有接触器、断路器和过载继电器功能。组合化是实现多功能的重要途径，一般有两种方式：一是功能组合，将各种功能组合在一起，主单元可独立，其他不能；二是组合功能，把两种及以上的电器组合在一起。因此，低压电器的模块化、(宽度) 模数化、(安装) 导轨化、外形尺寸一致，功能协调是组合电器和成套电器的基础。

模数化使电器外形尺寸规范化，便于安装和组合；不同额定值或不同类型电器实现部件通用化。例如，以 C45 系列为代表的各种品牌的小型高分断能力低压断路器，不同系列不同额定值均可安装在统一的 35 mm 安装轨上，并可与模数化的熔断器、隔离器和电源插座等组合安装在一个安装平面上。

开关电器小型化有两层含义：一是电器本身的尺寸要小；二是减小喷弧距离或实现"无飞弧"，以缩小安装这种电器的开关柜尺寸。近几年，国内很多单位开展了"无飞弧"断路器的研制。我国新设计的 S 系列、TM30 系列塑壳断路器及 DW45 系列框架断路器都已做到了"无飞弧"，这种断路器结构紧凑、体积小，其体积仅相当于同容量框架断路器的一半。今后还应致力于研究新的灭弧系统和限流技术，实现开关电器"无飞弧"。例如，采用一种三维磁场集中驱弧技术来提高塑壳断路器的开断性能；采用旋转式双断点的限流结构，并在前后级保护特性配合方面实现"能量匹配"以提高开关电器开断能力的新概念；采用新的绝缘材料抑制由于电极的金属蒸气扩散至绝缘器壁上形成的金属粒子堆积层，加强对电弧的冷却作用等。

2. 可通信低压电器的发展

随着计算机网络的发展与应用，要求低压电器能与上位机或中央控制计算机进行通信，为了实现低压电器的双向通信功能，低压电器必须向电子化、集成化、智能化及机电一体化方面发展。对可通信低压电器的基本要求是：带通信接口、通信规约标准化、可以直接挂在总线上及符合低压电器标准和相关电磁兼容性（electromagnetic compatibility，EMC）要求。因此，各种可通信低压电器一般采用三种方案。

（1）带通信接口电路，通过外部设备可与通信网络及其他电器连接。

（2）传统电器上派生或增加联网接口和通信接口。

（3）直接带计算机接口和通信接口功能的电器。

3. 智能化低压电器的发展

近年来,低压电器设计技术、产品结构等方面正处于不断更新和全面提高的阶段。传统的有触点电器在结构原理、最佳结构设计和应用新材料、新工艺方面不断发展和完善;真空电器、半导体电器以及其他新型电器,如微电子技术和电器技术结合的机电一体化电器或智能化电器也在发展之中。低压电器产品组合化、成套化、智能化是今后的发展方向。

智能断路器、智能电动机保护器、智能接触器等智能低压电器元件应运而生。智能断路器就是将智能型监控器的功能与断路器集成在一起,实现了脱扣器的智能化,使得断路器的保护功能大大加强,可实现长延时、短延时、瞬时过电流保护、接地、欠电压保护等保护功能。智能断路器上可显示电压、电流、频率、有功功率、无功功率、功率因数等系统运行参数。目前,在供电系统中大量使用软启动器、变频器、电力电子调速装置、不间断电源等装置,使电网和配电系统中出现了大量的高次谐波,而模拟式电子脱扣器一般只反映故障电流的峰值,造成断路器在高次谐波的影响下发生误动作。带微处理器的智能断路器反映的是负载电流的真实有效值,可避免高次谐波的影响。

与传统的双金属片热继电器相比,微电子控制的智能电动机保护器具有一系列优点:可保护电动机过载、断相、三相不平衡、反相、低电流、接地、失电压、欠电压等故障,并可以数字显示故障类型,能保护不同启动条件与工作条件下的电动机,动作特性可靠。

将微处理器引入交流接触器中,可实现智能交流接触器启动、保护、分断全过程的优化控制。目前,智能接触器采用了特殊结构的触点系统,实现了接触器的无弧、少弧分断,大大提高了接触器的电寿命,实现了交流接触器技术的重大突破,此技术已达到国际先进水平。

在智能交流接触器基础上研制的新型智能混合式交流接触器,只采用3个单相可控硅与接触器触点并联,就可实现吸合与分断过程中的无弧运行,从而大大降低了混合式交流接触器的成本,实现了全过程的优化控制,达到了节能、节材、无声运行、高操作频率、高电寿命,并且能实现与计算机的双向通信功能。

在智能低压电器元件的基础上,各种智能开关柜被研制和开发出来,使得控制系统的自动化程度大大提高。

4. 现场总线技术

低压电器中的应用技术随着信息技术和计算机网络的发展,使智能化电器与中央控制设备,包括中央控制计算机与可编程逻辑控制器实现双向数据通信,并在低压配电系统和电动机控制中心统一形成了智能化监测、保护与信息网络系统。这种系统使操作人员在控制室中能够方便地控制各种现场设备,并且能够及时了解现场设备运行情况,以便处理各种故障。

现场总线是一种造价低、可靠性强并适合工业环境使用的通信系统。传统的通信系统须用多芯电缆让数据并行传送,而现场总线仅需要一根双芯电缆,简化了现场布线,减少了安装维护费用。现场总线按国际标准采用统一的通信规范,因而它具有很好的互换性和互操作性,各种现场设备只要符合规范和协议都可以在网络上使用。现场总线的各种标准部件,包括接口、各种中间继电器、电缆、模块化I/O站等,大大方便了安装和维护。现场总线的出现给工业自动化带来了革命性的变化。

工业现场总线领域使用的总线有 Profibus、DeviceNet、Modbus 和 ASI-bus 等。其中，Profibus 的影响较大，很多公司都开发了用于 Profibus 的产品。

新开发的智能框架断路器一般都具有通信接口，可以与现场总线连接，其通信功能嵌入智能控制器内部，需要通信时可选用带通信功能的智能控制器。塑壳断路器（MCCB）的一般壳架电流在 250 A 及以上时可带电子脱扣器，考虑经济性和灵活性，通信功能不嵌入脱扣器内部，而是采用分开的专用通信接口，通过通信接口（或称适配器）可与 Profibus Dp 等不同的总线系统连接。

西门子、ABB、穆勒（Moeller）、施耐德生产的框架断路器、塑壳断路器都已具有 Profibus 接口，西门子的 V1 塑壳开关和穆勒的 MCCB 采用外部的 RS485-Profibus 转换器接 Profibus，原因是目前使用带 Profibus 接口的 MCCB 还是少数，外配比较灵活，在不使用总线接口时成本较低。

5. 仿真与虚拟技术

三维计算机辅助设计软件可以实现三维零部件的实体造型、装配、自动生成工程图纸，以及按照设计的零部件自动进行模具设计并生成数据编码。但是，要使电器产品满足预期的技术条件，达到预期的电气、力学性能，还必须经过反复试验。计算机模拟仿真技术的应用可以在样机制作前精确掌握低压电器产品的性能，减少重复样机制作，降低实验费用，加快产品开发周期，提高产品性能指标。

低压电器的基本特性包括通断能力、温升、零部件的强度、热稳定、绝缘性能及其他电气性能等。这就需要对设计对象的电磁场、应力场、磁场等物理场进行仿真和分析。计算机模拟仿真技术的发展、有限元分析软件性能的不断提高，为这种新技术在低压电器中的应用创造了条件。20 世纪 90 年代以来，用特征造型方式输入三维图形，代替烦琐的数据输入，使输入工作变得简单、直观，处理阶段可以方便地观察输出的数据或对三维图形进行分析。

通过计算仿真可以得到产品设计的可行性方案，满足产品的技术要求。但是，如果想要实现最佳的经济技术指标，就必须将仿真技术与最优化方法结合起来，才能达到预期效果。随着计算机图形技术的迅速发展，虚拟技术被引入低压电器的设计领域，可以在虚拟环境中对电器产品进行仿真与优化，这将使我国低压电器的设计、研究达到一个更新的阶段。

6. 计算机网络系统的应用

微处理机技术和计算机技术的引入及计算机网络技术和信息通信技术的应用，一方面使低压电器智能化，另一方面使智能化电器与中央控制计算机进行双向通信。进入 20 世纪 90 年代，随着计算机通信网络的发展，低压电器与控制系统已统一形成了智能化监控、保护与信息网络。它由智能化电器、监控器、中央计算机（包括可编程逻辑控制器）及网络元件四部分组成。监控器在网络中有参数测量与显示、某些保护功能及通信接口的作用，并代替传统的指令电器、信号电器和测量仪表。网络元件用于形成通信网络，主要有现场总线、操作器与传感器接口、地址编码器及寻址单元等。

计算机网络系统的应用，不仅提高了低压配电与控制系统的自动化程度，而且实现了信息化，使低压配电与控制系统的调度、操作和维护实现了四遥（遥控、遥信、遥测、遥调），提高了整个系统的可靠性；并实现区域联锁，使选择性保护匹配合理。计算机网络系统采用新型监控元件，使可提供的信息量大幅度增加，从而实现信息共享，减少信息重复和信息通道，简化二次控制线路，其接线简单、安装方便，能进一步提高工作可靠性。随着计算机网络的应用，对低压电器产品提出了如下新的要求。

（1）实现低压电气元件与网络的连接。

（2）确保用户和设备之间的开放性和兼容性。

（3）符合标准化的通信规约（协议）以及可靠性标准。

（4）满足电磁兼容性要求等。

在计算机网络中，为了保证数据通信的双方能正确自动地进行通信，必须制定一套关于信息传输的顺序、信息格式和信息内容的约定，称为通信协议。国际标准化组织制定了开放系统互联 ISO/OSI 参考模型，共七层，包括传输规程和用户规程等。一些国家和公司按照 ISO/OSI 参考模型相继推出了各自的现场总线标准，如欧洲标准 Profibus、我国的《低压电器通信规约》等。现场总线技术的出现为构造分布式计算机控制系统提供了条件，而且能即插即用，扩充性好，维护方便。智能化电器与中央计算机通过接口构成的自动化通信网络正从集中式控制向分布式控制发展，而且这种技术正逐渐成为国内外关注的热点。

### （三）低压断路器的发展

近年来，几家大的电气公司不断推出新的框架断路器和塑壳断路器。开发的思路根据整个系统的需要来考虑，不再单纯追求高指标，同时考虑经济适用性，缩小体积（智能型控制器缩小到原来的1/3左右），尽可能减少壳架规格，便于进行标准化设计。新开发的断路器均带有通信接口，可使系统达到最佳的配合，提高电网的安全性和可靠性。例如，施耐德公司在汉诺威工业博览会上展示了下列几种框架断路器。

（1）Masterpact NT16N1：分断能力为 42 kA，外形尺寸为 210 mm × 301 mm × 234 mm。尽管尺寸小，但 NT16N1 还是具有 Masterpact 的所有附件和功能。

（2）Masterpact NW-L1：额定电流为 2 kA，分断能力为 150 kA（有效值）/400 V，时间选择性的范围可达 30 kA（有效值）。

（3）Masterpact NW-H3：额定电流为 2~4 kA，分断能力为 150 kA（有效值）/400 V，时间选择性的范围可达 55 kA（有效值）。

（4）Masterpact NWUR：由于采用汤姆孙（Thomson）线圈，能达到极高的分断能力，短路响应时间小于 1 ms。

（5）Masterpact NW10-40DC：可以用于直流系统的框架断路器。

GE 公司推出的 M-PACT 框架断路器，分两个框架。框架 1 额定电流为 400~2 500 A；框架 2 额定电流为 800~4 000 A。分断能力最高可达 80 kA/500 V，采用电子控制器，带通信功能，通信功能嵌入控制器内部。电子控制器有三种形式，用户可根据不同的功能要求灵活选用。

GE 公司还展出了 Record Plus 的 FD 和 FE 系列塑壳断路器，壳架电流有 63 A、160 A 和 250 A，分断能力最高可达 400 V/415 V、150 kA。FD63 和 FD160 采用热磁脱扣器，FE160 和 FE250 采用热磁和电子两种类型脱扣器。

西门子公司推出的 SENTRON VL（3VL）智能化塑壳断路器有 5 个壳架和 8 个壳架

电流等级。3VL 智能化塑壳断路器分断能力从 40 kA 至 100 kA（在 415 V 时）。VL160X 只能装热磁脱扣器；VL160、VL250、VL400、VL630 既可以装热磁脱扣器，也可装电子脱扣器；VL800、VL1250、VL1800 只能装电子脱扣器。

西门子公司推出的 SENTRON WL 框架断路器有三个壳架：WL1，额定电流为 600~1 600 A；WL2，额定电流为 2 000~3 200 A；WL3，额定电流为 4 000~6 300 A，分断能力为 50~150 kA（在 415 V 时）。SENTRON WL3 采用整体式结构，即从内部结构到外形均是整体的（而一般 4 000 A 断路器由 2 台 2 000 A 断路器拼装而成；6 300 A 断路器由 2 台 3 200 A 断路器拼装而成），使其整体协调性与可靠性大大提高。

穆勒公司推出的可通信的 IZM 系列框架断路器和 NZM 系列塑壳断路器，额定电流最大可达 6 300 A。IZM 系列框架断路器是与西门子公司合作生产的。NZM 系列塑壳断路器有 4 个壳架：NZM1 额定电流为 32~125 A；NZM2 额定电流为 32~250 A；NZM3 额定电流为 125~630 A；NZM4 额定电流为 315~1 600 A，分断能力为 25~150 kA（在 415 V时）。除了 NZM1 采用热磁脱扣器外，其他几个壳架均采用电子脱扣器（其中 NZM2 可装热磁脱扣器或电子脱扣器），并且具有通信功能。

ABB 公司推出的 TmaxT1、TmaxT2 和 TmaxT3。壳架电流为 160 A 和 250 A，最大分断能力为 380 V/415 V、85 kA，分断能力是相应尺寸壳架中最大的。TmaxT1 和 TmaxT3 采用热双金属片和电磁脱扣器，TmaxT2 可以采用热双金属片和电磁脱扣器，也可采用微处理器脱扣器。从各国推出的塑壳断路器来看，有如下几种动向。

（1）新型双断点分断技术越来越受到重视。在塑壳断路器中，已有施耐德公司的 NS 系列、穆勒公司的 NZM 系列、ABB 公司的 Tmax 系列和 GE 公司的 Record plus 采用了这一技术。新型双断点分断技术，不仅增加断点提高电弧电压，而且通过气压原理提高吹弧能力使分断能力大大提高。新型双断点分断技术一般采用转动式结构。

（2）出于经济性的原因，塑壳断路器中壳架电流在 160 A 及以下的断路器（除三菱的 PSS 系列外）还没有采用电子脱扣器，仍采用热磁脱扣器；壳架电流在 250 A 及以上的断路器均可采用电子脱扣器，通过外接通信接口可带通信功能；而壳架电流在 630 A 或 800 A 以上的断路器只能带电子脱扣器。

（3）对既可带热磁脱扣器又可带电子脱扣器的塑壳断路器采用模块化的结构，不打开盖子就可更换脱扣器，可以方便地适应用户的需要并可减少型号规格，如三菱公司的 WS 系列等。

（4）为适应系统的需要，各公司越来越重视对附件的开发，提供了丰富的内部附件和外部附件。新开发的塑壳断路器内部附件均采用盒式附件，不需要打开盖子就可更换内部附件，安装连接简单、安全、灵活。内部附件趋向标准化，例如穆勒公司 NZM 系列 4 个壳架的内部附件全部统一，安装更为方便，减少库存，节约投资。

（四）启动器的发展

工业自动化的过程中使用的各种各样的泵、风机、传送带和电动机械等现场设备，需要使用各种容量大小不同的电动机，而这些电动机启动和运转性能的好坏将直接影响生产线的平稳、可靠运行及能耗，所以各大公司都推出了电动机启动设备，如软启动器、变频调速器和控制组合电器等。例如，西门子、穆勒和施耐德公司推出的软启动器，控制电动机功率可以从数十瓦至数千瓦，并可带有通信接口与总线系统连接。变频调速器控制功率从数百瓦至数百千瓦,也可具有通信功能。带通信功能的启动器或变频调速器可直接安装在设备现场,通过总线与系统连接,使系统达到最佳的配合状态,并可大大节省安装成本。

穆勒公司的 DS4 系列的半导体接触器和软启动器就是充分适应工业自动化的需要,用于对现场的阻性负载和电动机负载进行开闭操作,能够使电动机平滑运行,减少启动力矩的波动,减少冲击电流。产品符合 IEC 60947-4-2 标准,其主要参数如下。

(1) 电源电压:110~500 V AC。

(2) 额定工作电流:10~50 A。

(3) 控制电压:15~30 V DC,110~240 V AC。

(4) 适用于单相电路,具有 LCD 指示设备状态。

(5) 宽度尺寸:10 A 的为 45 mm,50 A 的为 65 mm。

施耐德公司推出的集供电和控制为一体的 Tesys U 型电动机启动器,相当于控制与保护开关(control and protective switch,CPS)。该启动器由一个基本装置和一个插入式的控制单元组成,把典型的电动机的启动功能(接通、断开和保护)与新型的控制和通信功能组合在一个完整的单元里。选择更方便、快速,而且不需要很多元件复杂组合;安装简单,不需要昂贵的接线,耗时短;可实现最佳的功率匹配且不需要大量的库存。相对于传统的解决方案,Tesys U 的体积减小到 50%,一种带反转的启动器宽度仅为 45 mm。

基本装置有 0~12 A 和 0~32 A 两个规格,型号分别为 LUB12 和 LUB32,基本装置的控制功率为 15 kW/400 V。短路分断能力为 50 kA/400 V(带限流器时为 130 kA),符合 IEC 60947-6-2 和 UL508 标准。

控制单元有三个规格:标准型、扩展型和多功能。每种规格各有 6 个电流调节范围(0.15~0.6 A、0.35~1.4 A、1.25~5 A、3~12 A、4.5~18 A、8~32 A),最大电流为 32 A,控制电压有 24 V DC、24 V AC、48~72 V AC/DC 和 110~240 V AC/DC。

标准型(LUCA 型):具有短路和过载保护、断相保护、脱扣级别 10 级。

扩展型(LUCB 型、LUCC 型和 LUCD 型):具有短路和过载保护、断相保护、脱扣级别 10 级或 20 级,可手动复位或自动复位。通过一个附加的功能模块可具有电流显示、报警等功能。

多功能(LUCBM 型):具有短路和过载保护、断相保护、脱扣级别 5 级至 30 级、多种测量和保护功能,有电流显示、历史记录,借助参数化软件 PowerSuite 可现场或远程进行参数化设置。

通过简单地更换可插入的控制单元能实现从标准的保护功能至复杂功能的变化,而不增加任何体积。Tesys U 型电动机启动器还具有各种通信模块和应用模块来实现通信和各种功能。

(五) 建筑电器(终端电器)的发展

1. 微型断路器

随着建筑电器的发展,微型断路器(MCB)在住宅配电系统中的应用越来越广泛,但因缺乏选择性保护的开关,因此在住宅配电系统中越级跳闸现象比较普遍,影响系统的可靠性。ABB 公司为适应建筑配电系统的需要,开发了具有选择性保护的 S700 系列主开关,解决了终端电器的选择性配合。

S700系列主开关符合DIN VDE 0641和DIN VDE 0645标准,其技术参数如下:极数有1、2、3、4;脱扣特性有E特性、K特性;额定电流为16~125 A;额定电压为230 V/400 V AC;额定分断能力为25 kA。

S700系列主开关一般安装在电能计量箱中,与后面线路中MCB配合进行选择性保护。MCB至少应符合分断能力为6 kA或10 kA、限流等级为3级的要求。

S700系列选择性保护主开关的保护特性曲线分E特性和K特性,E特性比较精确,适合于家用;K特性适合于工业用。

S700系列主开关的优点是:可与MCB组成选择性保护的配电系统,限制通过的电流,可对基本负载监控。

2. 家用剩余电流断路器

家用剩余电流断路器研究的重点是提高可靠性。新产品主要有B型剩余电流断路器和自检测剩余电流断路器。B型剩余电流断路器ShupaB是由西门子公司首先推出的,该产品不仅能检测交流剩余电流、脉动剩余直流电流,还能检测平滑直流剩余电流和缓慢变化的直流剩余电流。B型剩余电流断路器宽度比一般剩余电流断路器宽约4个模数(71 mm),可对带三相桥式或星形接法的整流电路或带电容滤波的整流电路的设备进行保护。具有自检测功能的剩余电流断路器是在一般的剩余电流断路器旁边增加了一块自检测模块。

为了保证剩余电流断路器的可靠运行,一般的剩余电流断路器在正常运行时要求定期操作试验按钮,对剩余电流断路器进行检查,以确认其剩余电流功能是否正常,这样操作受人为因素影响较大。而具有自检测功能的剩余电流断路器可以自动定期检测剩余电流功能,当有故障时可以发出报警信号,通知相关人员进行检修。

GB/T 6829—2024《剩余电流动作保护器的一般安全要求》名词术语中以"剩余电流动作保护器"代替"漏电保护器",与国际标准译名相符合。但考虑到我国多年来的使用习惯,新标准规定"漏电保护器"仍可使用。

3. 防雷电保护产品

随着建筑自动化和工业自动化的发展,电气系统中使用的电子产品日益增多,对雷电的防护越来越引起人们的重视,也引起各大公司的注意,防雷电保护产品和雷电防护技术取得了很大的进展。不仅有一些中小公司,甚至很多大公司纷纷推出了雷电过电压防护装置(电涌保护器,简称SPD)及雷电保护系统,如西门子公司、ABB公司、菲尼克斯(PHOENIX)公司、GE(AEG)公司、西岱尔(CITEL)公司等。凡是生产SPD的公司均提供用于低压配电系统B级、C级和D级的产品(相当于IEC 61643-1中Ⅰ级、Ⅱ级和Ⅲ级),有的公司还能提供用于信息系统的SPD及各种附件,如接地汇流排和耦合电抗器等,可以组成完整的雷电防护系统;另一个特点是B级SPD的灭弧技术取得了新的突破。SPD可以吸收的能量大大增加,10/350 μs波形的最大的冲击电流可以达到100 kA,例如菲尼克斯公司FLT35/3CTRL、ABB公司Limitor及GE(AGE)公司VBAB3型SPD的10/350 μs波形最大的冲击电流均可达100 kA,已可对大部分直接雷击进行保护。

## 二、电磁式电器的组成与工作原理

电磁式电器在电气控制系统中使用量最大、类型多。各类电磁式电器在工作原理和构造上基本相同,就其结构而言,主要由两个主要部分组成,即检测部分(电磁机构)和执行部分(触点系统),其次还有灭弧系统和其他缓冲机构等。电磁机构的电磁吸力和反力特性是决定电器性能的主要因素之一。触点部分存在接触电阻和电弧现象,对电器的安全运行影响较大。因此,电磁吸力和反力、触点结构及灭弧装置等是构成电磁式低压电器的关键,也是研究电气元件结构和工作原理的基础。

(一)电磁机构

电磁机构是电磁式继电器和接触器等电器的主要组成部件之一,其工作原理是将电磁能转换成机械能,从而带动触点动作。

1. 电磁机构的结构形式及分类

电磁机构由电磁线圈、铁芯(亦称静铁芯或磁轭)和衔铁(亦称动铁芯)三部分组成。其结构形式按衔铁的运动方式可分为直动式和拍合式,常用的结构形式有下列三种,如图2-1所示。

(1)衔铁沿棱角转动的拍合式,如图2-1(a)所示,这种结构广泛应用于直流电器中。

(2)衔铁沿轴转动的拍合式,如图2-1(b)所示,其铁芯形状有E形和U形两种,此结构多用于触点容量较大的交流电器中。

(3)衔铁做直线运动的双E形直动式,如图2-1(c)所示,多用于交流接触器、继电器以及其他交流电磁机构的电磁系统。

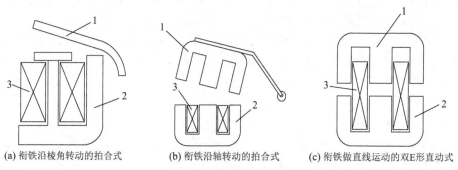

(a)衔铁沿棱角转动的拍合式　　(b)衔铁沿轴转动的拍合式　　(c)衔铁做直线运动的双E形直动式

1—衔铁;2—铁芯;3—电磁线圈。

**图2-1　常用的电磁机构结构形式**

电磁线圈的作用是将电能转换为磁能,即产生磁通,衔铁在电磁吸力作用下产生机械位移使铁芯与之吸合。凡通以直流电流的线圈都称为直流线圈,通入交变电流的线圈称为交流线圈。对于直流线圈,通常其衔铁和铁芯均由软钢或工程纯铁制成。铁芯不发热,只有线圈发热,所以直流电磁线圈做成高而薄的瘦高型,且不设线圈骨架,使线圈与铁芯直接接触,易于散热。对于交流线圈,由于其铁芯中存在磁滞和涡流损耗,这样线圈和铁芯都要发热,所以交流电磁线圈设有骨架,使铁芯与线圈隔离,并将线圈制成短而厚的矮胖型,有利于线圈和铁芯的散热。通常其铁芯由电工钢片叠压而成,以减少损耗。

另外，电磁线圈根据在电路中的连接方式，可分为串联线圈（又称电流线圈）和并联线圈（又称电压线圈）。串联（电流）线圈串联于线路中，流过的电流较大。为减少其对电路的影响，所用的线圈导线粗、匝数少，线圈的阻抗较小；而并联（电压）线圈并联在线路上，为减小分流作用，降低对原电路的影响，需较大的阻抗，所以线圈导线细、匝数多。

2. 吸力特性与反力特性的配合

电磁式电器的基本工作原理如图 2-2 所示，当电磁线圈中通入电流时，线圈中产生磁通作用于衔铁，产生电磁吸力，从而使衔铁产生机械位移，带动触点动作。当线圈断电后，衔铁失去电磁吸力，由复位弹簧将其拉回原位，从而带动触点复位。因此作用在衔铁上的力有两个，即电磁吸力与反力。电磁吸力由电磁机构产生，反力则由复位弹簧和触点弹簧所产生。

电磁吸力可由式（2-1）表示：

$$F = 10^7/8\pi B^2 S \tag{2-1}$$

式中，$F$ 为电磁吸力，单位为 N（牛顿）；$B$ 为气隙磁感应强度，单位为 T（特斯拉）；$S$ 为磁极截面积，单位为 $m^2$（平方米）。

当线圈中通以直流电流时，电磁吸力 $F$ 为恒定值。当线圈中通以交变电流时，由于外加正弦交流电压，其气隙磁感应强度亦按正弦规律变化，即

$$B = B_m \sin \omega t \tag{2-2}$$

代入式（2-1）可得电磁力瞬时值

$$F = 10^7/8\pi S B_m^2 \sin^2 \omega t = 10^7/8\pi S B_m^2 [(1-\cos 2\omega t)/2] \tag{2-3}$$

由式（2-3）可知电磁力最大值为

$$F_{max} = 10^7/8\pi S B_m^2 \tag{2-4}$$

电磁吸力的最小值为

$$F_{min} = 0 \tag{2-5}$$

所谓吸力特性，是指电磁吸力 $F$ 随衔铁与铁芯间气隙 $\delta$ 变化的关系曲线。不同的电磁机构，有不同的吸力特性。图 2-3 为电磁机构吸力特性与反力特性的配合。

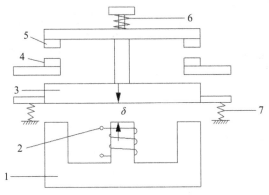

1—铁芯；2—线圈；3—衔铁；4—静触点；
5—动触点；6—触点弹簧；7—复位弹簧。

图 2-2 电磁式电器工作原理

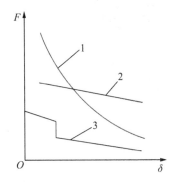

1—直流电磁机构吸力特性；2—交流电磁机构吸力特性；3—反力特性。

图 2-3 吸力特性与反力特性的配合

对于直流电磁铁，其励磁电流的大小与气隙无关，衔铁产生动作过程中为恒磁势工作，电磁吸力随气隙的减小而增加，所以吸力特性曲线比较陡峭（如图 2-3 中的曲线1）。而交流电磁铁的励磁电流与气隙成正比，在动作过程中为恒磁通工作，但考虑到漏磁通和线圈电阻的影响，其吸力平均值随气隙的减小略有增加，所以吸力特性比较平坦（如图 2-3 中的曲线2）。

所谓反力特性是指反作用力 $F$ 与气隙 $\delta$ 的关系曲线，如图 2-3 中的曲线 3 所示。为了使电磁机构能正常工作，其吸力特性与反力特性配合必须得当。在衔铁吸合过程中，其吸力特性必须始终处于反力特性上方，即吸力要大于反力；反之衔铁释放时，吸力特性必须位于反力特性下方，即反力要大于吸力（此时的吸力是由剩磁产生的）。在吸合过程中还须注意吸力特性位于反力特性上方不能太高，否则会导致衔铁对静铁芯的冲击过大而影响电磁铁的寿命。

3. 交流电磁机构上短路环的作用

由式（2-3）可看出，交流电磁机构的电磁吸力是一个 2 倍电源频率的周期性变量。当电磁吸力的瞬时值大于反力时，衔铁吸合；当电磁吸力的瞬时值小于反力时，衔铁释放。电源电压变化 1 个周期，衔铁吸合 2 次、释放 2 次，随着电源电压的变化，衔铁周而复始地吸合与释放，使得衔铁产生振动和噪声，为此须采取有效措施，消除振动与噪声。

具体解决办法是在铁芯端面开一个小槽，在槽内嵌入铜质短路环（或称分磁环），如图 2-4 所示。加上短路环后，铁芯中的磁通被分成两部分，即不穿过短路环的磁通 $\phi_1$ 和穿过短路环的磁通 $\phi_2$。如设计合理，则不穿过短路环的磁通 $\phi_1$ 和穿过短路环的磁通 $\phi_2$ 大小接近，而相位差约 90°电角度，因而两相磁通不会同时过零。由于电磁吸力与磁通的平方成正比，所以由两相磁通产生的合成电磁吸力始终大于反力，使衔铁与铁芯牢牢吸合，这样就消除了振动和噪声。

短路环一般包围 2/3 的铁芯端面，镶在铁芯端口上，通常用黄铜、紫铜或镍铬合金等非磁性材料制成，它是一个无断点的铜环，且没有焊缝。

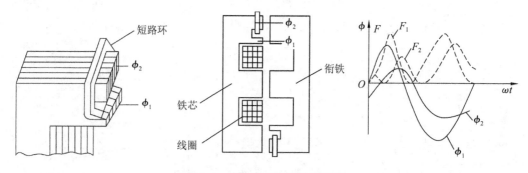

图 2-4 交流电磁机构的短路环

（二）触点系统

1. 触点材料

触点是电器的执行机构，它在衔铁的带动下起接通和分断电路的作用，因此要求触点导电、导热性能良好。触点通常用铜、银、镍及其合金材料制成，有时也在铜触点表面电镀锡、银或镍。铜的表面容易氧化而生成一层氧化铜，它将增大触点的接触电阻，使触点的损耗增大，工作时温度上升。所以，有些特殊用途的电器如微型继电器和小容量的电器，其触点常采用银质材料，这不仅是因为银质触点导电和导热性能均优于铜质触点，更主要的是其氧化膜电阻率很低，仅是纯铜的十几分之一，甚至更小，而且要在较高的温度下才会形成，同时又容易粉化。因此，银质触点具有较低而稳定的接触电阻。对于大中容量的低压电器，在结构设计上触点采用滚动接触，可将氧化膜去掉，这种结构的触点一般常采用铜质材料。

触点之间的接触电阻包括"膜电阻"和"收缩电阻"。"膜电阻"是触点接触表面在大气中自然氧化而生成的氧化膜造成的。氧化膜的电阻可能会比触点本身的电阻大几十到几千倍，导电性能极差，甚至不导电，且受环境的影响较大。"收缩电阻"是由于触点的接触表面不光滑，在接触时实际接触的面积总是小于触点原有可接触面积，这样有效导电截面减小，当电流流经时就会产生电流收缩现象，从而使电阻增加，而使接触区的导电性能变差。如果触点之间的接触电阻较大，会在电流流过触点时造成较大的电压降，这对弱电控制系统影响较严重。另外，电流流过触点时电阻损耗大，将使触点发热而致温度升高，导致触点表面的"膜电阻"进一步增加及相邻绝缘材料的老化，严重时可使触点熔焊，造成电气系统事故。因此，对各种电器的触点部分规定了它的最高环境温度和允许温升。除此之外，触点在运行时还存在磨损，包括电磨损和机械磨损两种情况。电磨损是由于在通断过程中触点间的放电作用使触点材料发生力学性能和化学性能变化而引起的，电磨损的程度决定于放电时间内通过触点间隙的电荷量的多少及触点材料性质等。电磨损是引起触点材料损耗的主要原因之一。机械磨损是由于机械作用使触点材料发生磨损和消耗。机械磨损的程度取决于材料硬度、触点压力及触点的接触方式等。为了使接触电阻尽可能小，一要选用导电性好、耐磨性好的金属材料作为触点，使触点本身的电阻尽量减小；二要使触点接触保持紧密。另外，在使用过程中尽量保持触点清洁，条件许可时，应定期清扫触点表面。

低压电器触点的材料不尽相同，一般可根据以下情况加以区别。

（1）具有单断点的指形触点（如转动式接触器和控制器）和楔形触点（如刀开关）常用紫铜制造；长期工作的单断点触点常嵌有银或银基合金材料。

（2）具有双断点（双挡）的触点（如小容量接触器）多采用纯银或银基合金制造；大容量的接触器则多采用银铁、银氧化镉等制造。

（3）断路器的触点常用银镍、银石墨或银钨等制造。

2. 触点的接触形式

触点的接触形式很多，通常分为三种：点接触、线接触和面接触。触点的结构形式有指形触点、桥式触点等。显然，面接触的实际接触面要比线接触的大，而线接触的又要比点接触的大。

图 2-5（a）为点接触，它由两个半球形触点或一个半球形与一个平面形触点构成，这种结构容易提高单位面积上的压力，减小触点表面电阻。它常用于小电流的电器中，如接触器的辅助触点和继电器触点。图 2-5（b）为面接触，这种触点一般在接触表面上镶有合金，以减小触点的接触电阻，提高触点的抗熔焊、抗磨损能力，允许通过较大的电流。中小容量的接触器的主触点多采用这种结构。图 2-5（c）为线接触，常做成指形触点结构，如图 2-5（e）所示，它的接触区是一条直线。触点的通断过程是滚动

接触并产生滚动摩擦,以利于去掉氧化膜,如图 2-5（d）所示。开始接触时,静、动触点在 A 点接触,靠弹簧压力经 B 点滚动到 C 点,并在 C 点保持接通状态;断开时做相反运动,这样可以在通断过程中自动清除触点表面的氧化膜。同时,长时期工作的位置不是在易烧灼的 A 点而在 C 点,保证了触点的良好接触。这种滚动线接触适用于通电次数多、电流大的场合,多用于中等容量电器。图 2-5（f）、图 2-5（g）分别是小型继电器中常用的分裂接触和片簧形式,这种结构有利于继电器提高通断的可靠性。

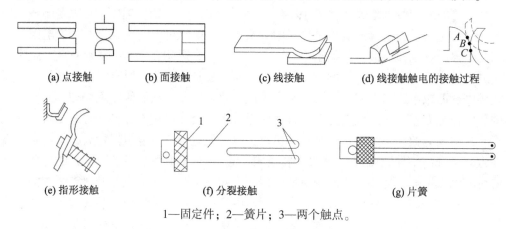

(a) 点接触　(b) 面接触　(c) 线接触　(d) 线接触触电的接触过程
(e) 指形接触　(f) 分裂接触　(g) 片簧

1—固定件；2—簧片；3—两个触点。

图 2-5　触点的接触形式

触点在接触时,其基本性能要求接触电阻尽可能小,为了使触点接触得更加紧密,以减小接触电阻,消除开始接触时产生的振动,一般制造时在触点上装有接触弹簧,使触点在刚刚接触时产生初压力,并且随着触点闭合逐渐增大触点互压力。图 2-6 是两个点接触的桥式触点,两个触点串于同一条电路中,构成一个桥路,电路的接通与断开由两个触点共同完成。当动触点刚与静触点接触时,由于安装时弹簧顶先压缩了一段,因此产生初压力 $F_1$,如图 2-6（b）所示。触点闭合后由于弹簧在超行程内继续变形而产生终压力 $F_2$,如图 2-6（c）所示。弹簧压缩的距离 $L$ 称为触点的超行程,即从静、动触点开始接触到触点压紧,整个触点系统向前压紧的距离。有了超行程,在触点磨损的情况下,弹簧仍具有一定压力,但磨损严重时超行程将失效。

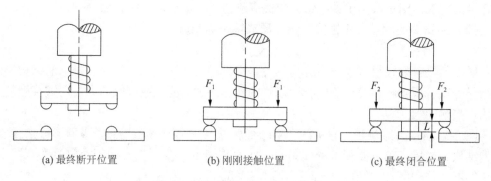

(a) 最终断开位置　(b) 刚刚接触位置　(c) 最终闭合位置

图 2-6　桥式触点闭合过程位置示意图

触点可分为常开触点和常闭触点。在无外力作用且线圈未通电时,触点间是断开状态的称为常开触点（动合触点）,反之称为常闭触点（动断触点）。线圈断电后所有触点复原。触点又有主触点和辅助触点之分。主触点用于接通或断开主电路,允许通过较大的电流;辅助触点用于接通或断开控制电路,只能通过较小的电流。

(三) 灭弧系统

1. 电弧产生的原理

在通电状态下,动、静触点脱离接触时,如果被开断电路的电流超过某一数值(根据触点材料的不同其值在 0.25~1 A 间),开断后加在触点间隙(或称弧隙)两端的电压超过某一数值(根据触点材料的不同其值在 12~20 V 间)时,则触点间隙就会产生电弧。电弧实际上是触点间气体在强电场下产生的放电现象,产生高温并发出强光和火花。电弧的产生为电路中电磁能的释放提供了通路,在一定程度上可以减小电路开断时的冲击电压。但电弧的产生却使电路仍然保持导通状态,使得该断开的电路未能断开,延长了电路的分断时间;同时电弧产生的高温将烧损触点金属表面,损坏导线的绝缘,减少电器的寿命,严重时会引起火灾或其他事故,因此应采取措施迅速熄灭电弧。

2. 常用的灭弧方法

在低压电器中常用的灭弧方法和灭弧装置有以下几种。

(1) 电动力吹弧。桥式触点在分断时本身就具有电动力吹弧功能,不用任何附加装置,便可使电弧迅速熄灭。图 2-7 是一种桥式结构双断口触点(所谓双断口,就是在一个回路中有两个产生和断开电弧的间隙)。当触点打开时,在断口中产生电弧,电弧电流在断口中电弧周围产生图中以"⊗"表示的磁场(由右手定则确定,"⊗"表示磁通的方向是由纸外指向纸面)。在该磁场作用下,电弧受力为 $F$,其方向指向外侧(由左手定则确定),如图 2-7 所示。在 $F$ 的作用下,电弧向外运动并拉长,冷却而迅速熄灭。这种灭弧方法简单,无需专门的灭弧装置,一般多用于小功率的电器。其缺点是当电流较小时,电动力很小,灭弧效果较弱。但当配合栅片灭弧后,该方法也可用于大功率的电器中。交流接触器常采用这种灭弧方法。

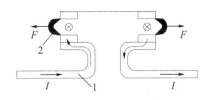

1—静触点;2—动触点。

图 2-7 双断口触点的电动力吹弧装置示意图

(2) 栅片灭弧。栅片灭弧装置示意图如图 2-8 所示,当电器触点分开时,所产生的电弧在吹弧电动力的作用下被推向一组静止的金属片内。这组金属片称为栅片,由多片镀锌薄钢片组成,它们彼此间相互绝缘。灭弧栅片是导磁材料,它将使电弧上部的磁通通过灭弧栅片形成闭合回路。由于电弧的磁通上部稀疏、下部稠密,这种上疏下密的磁场分布将对电弧产生由下至上的电磁力,将电弧推入灭弧栅片中去。电弧进入栅片后,被分割成一段段串联的短弧,而栅片就是这些短弧的电极,且交流电弧在电弧电流过零瞬间会使每两片灭弧栅片间出现 150~250 V 的介质强度,使整个灭弧栅片的绝缘强度大大增加,以致外加电压无法维持,电弧迅速熄灭。此外,栅片还能吸收电弧热量,使电弧迅速冷却,这样当电弧进入栅片后就会很快熄灭。交流电器宜采用栅片灭弧。

(3) 灭弧罩。比灭弧栅片更简单的灭弧装置是采用由陶土和石棉水泥做的耐高温的灭弧罩,用以降温和隔弧。它可用于交直流灭弧。

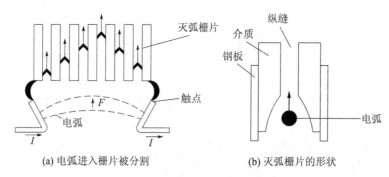

(a) 电弧进入栅片被分割　　　(b) 灭弧栅片的形状

图 2-8　栅片灭弧装置示意图

(4) 磁吹灭弧。磁吹灭弧装置示意图如图 2-9 所示。在触点电路中串入一个磁吹线圈,磁吹线圈 1 由扁铜线弯成,磁吹线圈中间装有铁芯 3,它们之间有绝缘套 2 相隔。铁芯两端装有两片导磁夹板 5,夹持在灭弧罩 6 的两边,动、静触点 7 和 8 位于灭弧罩内,处在两片导磁夹板之间。灭弧罩用石棉水泥板或陶土制成。图 2-9 中表示动、静触点分断过程,已经形成电弧(在图中用粗黑弧线表示)。由于磁吹线圈、主触点与电弧形成串联电路,因此流过触点的电流是流过磁吹线圈的电流。当电流 $I$ 的方向如图 2-9 中箭头所示时,电弧电流在它的四周形成一个磁场,根据右手螺旋定则可以判定,电弧下方的磁场方向离开纸面,用"⊙"表示;电弧上方的磁场方向进入纸面,用"⊗"表示。电弧周围还有一个由磁吹线圈中的电流所产生的磁场,根据右手摆能定则可以判定这个磁场的方向是远离纸面的,用"⊙"表示,这两个磁通在电弧下方方向相同(叠加),在电弧上方方向相反(相减)。因此,电弧下方的磁场强于上方的磁场,在下方磁场作用下电弧受电动力 $F$ 的作用($F$ 的方向如图 2-9 所示)被吹离触点,经引弧角 4 进入灭弧罩,并将热量传递给罩壁,使电弧冷却熄灭。

这种灭弧方式称为串联磁吹灭弧,它利用电弧电流本身灭弧,因而电弧电流越大,吹弧能力也越强。磁吹力的方向与电流方向无关。磁吹灭弧广泛应用于直流接触器中。

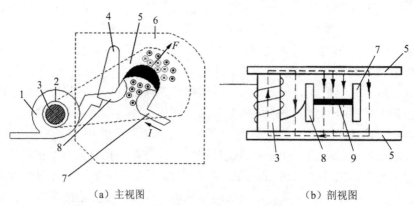

(a) 主视图　　　　　　(b) 剖视图

1—磁吹线圈；2—绝缘套；3—铁芯；4—引弧角；
5—导磁夹板；6—灭弧罩；7—动触点；8—静触点；9—电弧。

图 2-9　磁吹灭弧装置示意图

3. 常用的熄火花电路

控制电器的触点在切断具有电感负载的电路时，由于电流由某一稳定值突然降为零，电流的变化率 $di/dt$ 很大，就会在触点间隙产生较高的过电压，此电压超过 270～300 V 时，就会在触点间隙产生火花放电现象。火花放电与电弧不同之处是火花放电的电压高、电流小，而且是在局部范围产生不稳定的火花放电。火花放电将使触点产生电磨损以致缩短它的寿命。另外，火花放电造成的高频干扰信号将影响和干扰无线电通信及弱电控制系统的正常工作，为此需要消除由于过电压引起的火花放电现象。常用的熄火花电路有以下两种。

（1）二极管与电感负载并联整流式抑制器。如图 2-10 所示，在触点 K 闭合时，电感负载 L 中流有稳定的电流。当触点突然打开时，由于二极管 VD 的存在，电流不是从某一稳定值突然降为零，而是由电感负载 L 和二极管 VD 组成放电回路使电流逐渐降为零，即减小了电流的变化率 $di/dt$，从而减小了电感负载 L 产生的过电压。这样使触点 K 的间隙不会产生火花放电，另外也使电感负载 L 的绝缘不会因过电压而击穿。

（2）与触点并联阻容电路 RC 抑制器。如图 2-11 所示，在触点突然打开时，电感的磁场能量就转为电容的电场能量，此时表现为对电容器的充电。因此触点突然打开时，电感负载 L 的电流不会突降为零，而是随着电容器逐渐充满电荷而降为零，电感负载 L 就不会产生过电压。

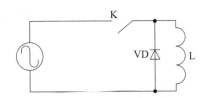

图 2-10　二极管与电感负载并联整流式抑制器　　图 2-11　与触点并联阻容电路 RC 抑制器

### 三、电磁式电器的常见故障与维修

（一）电磁系统的常见故障与维修

对电磁系统（电磁机构）的基本要求是：在 85%～110% 额定电压时能可靠地工作，各部件灵活可靠、吸合紧密、无噪声。

电磁系统的常见故障及处理方法如下。

1. 铁芯噪声大

电磁系统正常工作时，发出的是一种均匀、调和、轻微的"嗡嗡"声。如果发出异常响声，则说明电磁系统可能有故障。

造成铁芯噪声大的原因有：

（1）电源电压过低，使得电磁吸力不足，引起铁芯强烈的振动和噪声，触点火花很大。

（2）动、静铁芯极面生锈或附有金属杂质、沾污油垢和灰尘。

（3）使用日久，铁芯的接触面变形、磨损，使动、静铁芯接触不良。

（4）短路环断裂，铁芯在交变磁场的作用下发出强烈的振动和较大的噪声。

（5）触点弹簧压力过大，动铁芯运动发生卡阻。

（6）拆修后装配不当。

铁芯噪声大的处理方法有：

（1）检查电源电压，设法使线圈端电压处在85%~110%额定电压值的范围内。

（2）拆下清扫，除去油垢、灰尘和杂质。如有锈迹，可用0号细砂布磨除；清洁铁芯，并在极面上涂一层901防锈油。

（3）铁芯打偏、变形时，可用研刮的方法修正，如在磨床上将动、静铁芯的接触面磨平，使之吸合紧密。若不具备研刮的条件，可用细砂布平铺在铁平台上，砂粒面向上，将铁芯极面紧贴砂布来回推动铁芯研磨。但应注意，E形铁芯的中柱间隙为0.1~0.2 mm。若间隙太小，也会引起铁芯振动，发出噪声，或使铁芯因剩磁粘住，不能可靠地分开；若间隙太大将会引起线圈温升过高。

（4）短路环断裂时，可将其取出，重新焊好，再镶嵌上即可。必要时可用环氧胶黏剂加固。如果短路环已损坏，可按原来的材料、尺寸重做一只嵌上。装配时勿将铁芯边缘处的绝缘漆损坏脱落，否则短路环中流过涡流，会使短路环发热，甚至烧红。如果发现绝缘漆已脱落，可重新刷以绝缘漆，干燥后重新装配上短路环。正常的电磁系统中，短路环的损耗约占电磁系统总损耗的$1/4 \sim 1/2$。

（5）检查触点弹簧压力是否过大。断电后，卸下灭弧罩，用手去推动触点支架便可检查出来。如果压力过大，可剪去一小段弹簧或更换弹簧试试，直到符合要求为止。

（6）在拆装和维修低压电器时，应严格按原样组装。例如，检修交流接触器时，静铁芯下面有调节片（由厚薄不同的钢纸做成），用来调整动、静铁芯间隙，以保证接触器在低电压时也能吸合紧密。出厂时间隙已调整好。在拆修时，切勿丢失和损坏，或使该调节片变形。如果不平整，往往使铁芯的接触面偏斜而产生噪声，而且还可能使触点同步动作不一致。调节片丢失时，则会使接触器在低电压时保证不了足够的吸力，致使其产生振动、噪声。另外，动铁芯（衔铁）的上端有缓冲胶垫或毡垫，主要是在吸合时起缓冲作用，以减轻振动和冲击噪声。若此垫片丢失，则接触器吸合时会产生很大的撞击声。该垫片变形或垫偏时，也会产生振动和噪声。

2. 衔铁"粘住不释放"

当线圈断电后，衔铁不释放是一种非常危险的故障，容易发生人身和设备的意外事故，因此一旦发现，应立即断开电源进行检修。

造成衔铁"粘住不释放"的原因有：

（1）E形铁芯的两侧极面磨损，而使中柱铁芯的气隙消失，剩磁增大。

（2）棱角或转轴磨损，造成衔铁转动不灵、锈蚀或卡死。

（3）触点弹簧压力过小。

（4）复位弹簧损坏。

（5）铁芯端面有油污黏着。

（6）触点熔焊。

线圈断电后衔铁不释放的处理方法有：

（1）对E形铁芯的中柱铁芯进行磨修，使中柱有0.1~0.2 mm的防剩磁间隙，或更换铁芯。

（2）更换转轴等部件，对锈蚀部件除锈。

（3）增强触点弹簧压力或更换弹簧。

(4) 更换复位弹簧。
(5) 清除铁芯端面的油污，改善使用环境条件。
(6) 查明触点熔焊原因，有针对性地进行处理。

3. 线圈过热或烧毁

造成该故障的原因有：

(1) 线圈匝间短路，如环境过分潮湿或有腐蚀性介质，使线圈绝缘降低；维修时碰伤线圈。

(2) 操作频率太高，线圈经常受到大电流冲击。

(3) 动、静铁芯吸合后有间隙（如有油垢、杂物卡阻），使线圈阻抗减小、电流增大。

(4) 电源电压过高或过低。当加于线圈上的电压过高时，会使电流增大；过低时，对于交流铁芯又会使衔铁吸合不紧密，也会使电流增大。这两种情况都会导致线圈过热而烧毁。

线圈过热或烧毁的处理方法有：

(1) 改善环境条件，加强维护。

(2) 减少操作频率或选用能适应高操作频率的电器。

(3) 拆开清扫，除去油垢和杂物。

(4) 测量电源电压，设法使电源电压处于正常范围。

(二) 触点系统的检查和故障处理

1. 触点系统的检查

低压电器触点系统的主要参数包括开距、超行程、初压力和终压力。在检查和调整这些参数时应满足以下要求。

(1) 开距：指触点完全断开时，动、静触点之间的最短距离。在保证可靠灭弧的前提下，开距应尽量小，以减小工作间隙。一般双挡触点的弧触点开距为 15~17 mm，弧触点刚接触主触点之间的距离以 4~6 mm 为宜。

(2) 超行程：指触点开始接触时动触点再向前运动的一段距离。超行程应保证主触点磨损 1/3~1/2 时仍能可靠接触。主触点的超行程一般为 2~6 mm。

(3) 初压力：指动、静触点刚接触时的压力。初压力过小会造成触点振动和电磨损。

(4) 终压力：指触点处于闭合位置的压力。终压力不能过大或过小，应保证触点工作时的温升不超过允许值，同时要保证触点在通过短路电流时不因电动力斥开产生跳动而熔焊。

检修触点系统时，应进行以下检查工作。

(1) 检查触点的开距、超行程、初压力和终压力。参数应符合规定要求。在无法找到技术数据时，触点压力可用下列计算值作参考：

$$F_c = k_1 I_e / 10 \tag{2-6}$$

$$F_z = k_2 F_c \tag{2-7}$$

式中，$F_c$、$F_z$——分别为触点的初压力和终压力，单位为 N；

$I_e$——额定电流，单位为 A；

$k_1$——系数，可取 1~3，对小容量控制器，该值较小；

$k_2$——系数，可取 1.2~1.8。

触点压力可以用弹簧秤或砝码测量。触点的终压力应当在其闭合位置上用测力仪器测定。测力仪器应夹在规定的作用点上，沿着触点接触面的法线方向施力。当夹在动、静触点中间的、厚度不大于 0.1 mm 的纸带刚刚可以抽动时（纸带应将整个触点的接触面完全遮盖住），测力仪器的读数表示触点终压力。

在测量时，如果力的方向通过接触面的对称中心，而且同触点接触处的表面相垂直，则测量结果就直接表示触点压力。如果不能满足上述要求，则必须进行适当的换算。

触点初压力应当在断开位置上，用与触点终压力相类似的方法测定。触点开距和超行程，可以用专用测量器、卡尺或塞规测量。

（2）触点的超行程应当在触点闭合位置上按下列几种方法之一进行测定。

① 将静触点移开，测量动、静触点接触以后动触点移动的距离。

② 根据触点支架的全部行程与它在触点刚接触时的行程之差来确定。触点的接触根据指示器（指示灯）判定。

③ 测量触点与其支持件之间的空隙，然后按图纸上的标准尺寸进行换算。

在检修单断点的指形触点时，其接触线的长度应不小于触点宽度的 75%。通常可在动、静触点之间放一张复写纸，然后操作几次，就可看出接触线的长度。对于具有双断点线接触的触点系统，也可采用这一方法。

（3）检查触点的磨损程度。触点的更换首先看触点磨损后的机械强度，即看触点磨损后当接触时在承受接触压力下是否变形；其次看触点的超行程是否达到要求。一般出现下述情况之一时应予以更换。

① 触点接触部分（工作点直接承受电弧处）磨损到原有厚度的 2/3（铜触点）或 1/3（银或银基合金触点）。

② 触点超行程经过调整，仍达不到原来规定最低值的 3/5 或触点压力低于下限值。

③ 触点有过热、电弧烧蚀及熔焊等现象。

④ 动触点的导电板、弹簧、运动部件、绝缘部件及连接端子的连接不正常。

2. 触点系统的常见故障与维修

（1）触点接触不牢靠。触点接触不牢靠会使动、静触点间接触电阻增大，导致接触面温度过高，使面接触变成点接触，甚至出现不导通现象。造成此故障的原因有：

① 触点上有油污、异物。

② 长期使用，触点表面氧化。

③ 电弧烧蚀造成缺陷、毛刺或形成金属小颗粒等。

④ 运动部分有卡阻现象。

处理方法有：

① 对于触点上的油污、异物，可以用棉布蘸乙醇或汽油擦洗。

② 如果形成氧化膜或在电弧作用下形成轻微烧蚀及发黑时，一般不影响工作，可用乙醇、汽油或四氯化碳溶液擦洗。即使触点表面被烧得凹凸不平，也只能用细锉清除四周溅珠或毛刺，切勿锉修过多，以免影响触点寿命。

③ 对于铜质触点，若烧蚀程度较轻，只需用细锉把凹凸不平处修理平整即可，不允许用细砂布打磨，以免石英砂粒留在触点间而不能保持良好的接触；若烧蚀严重，接触面脱落，则必须更换触点。不论哪种触点，接触面的轻微斑点属于正常现象，不要打磨，因为这样反而会促使接触平服，增加载流量。

④ 运动部分有卡阻时可拆开检修。

（2）触点过热。触点过热不但会影响其寿命，还有可能造成触点熔焊等故障。造成触点过热的原因除了触点接触不牢靠外，还可能有以下情况：

① 负载过重，触点容量过小。

② 操作频率太高。

③ 电源电压过低。

④ 环境温度过高。

⑤ 触点弹簧变形，压力减小。

处理方法有：

① 减轻负荷或选用较大触点容量的电器。

② 降低操作频率或选用能适应高操作频率的电器。

③ 检查电源电压，设法提高端电压，使其不低于电器额定电压值的85%。

④ 改善通风条件，降低环境温度。

⑤ 更换新弹簧。

（3）触点粘连（熔焊）。触点粘连会造成失控，这是一种很严重的故障，造成触点粘连的原因有：

① 负荷过重，触点容量过小。

② 操作频率过高。

③ 电源电压太低，导致电磁系统吸力不足而造成触点反复振动，发生电弧熔焊。

④ 触点初压力过小，在闭合感性负荷时跳动很厉害，发生电弧熔焊。

⑤ 火花太大。

⑥ 安装不妥。

处理方法有：

①~③ 处理方法同前。

④ 检查触点压力，更换弹簧。

⑤ 可采用导电膏涂抹，必要时采用消火花电路。

⑥ 检查电器是否安装在受振动和冲击的地方，否则应更换安装位置，找出火花太大的原因。

若触点熔焊程度较轻，可稍加外力使其分开，再用细锉加以修整即可继续使用；若熔焊严重，则应更换触点。

（4）继电器在吸合或分断时，火花太大。火花太大，不仅会导致触点磨损过快，缩短电器的使用寿命，还会造成触点粘连故障，对附近的无线电设备也会产生干扰，因此必须采取措施加以抑制。

火花太大的原因往往是因为被控制的负荷是感性负荷。这时可采取消火花电路加以抑制。

(5) 触点接触电阻过大。触点接触电阻过大往往在触点上造成很大的电压降，使负荷设备的输入功率降低。如果其中一两个触点接触电阻过大，还会使负荷设备三相电压不平衡，造成缺相运行；触点接触电阻过大，对电器本身也会造成过热，使其可靠性降低等。

造成触点接触电阻过大的原因很多，除上面介绍的一些原因外，还有如下原因：

① 触点表面有灰尘、织物纤维、油脂及金属颗粒等。

② 环境潮湿，触点表面上的水汽在低温时可能凝结成冰霜。

③ 触点表面生锈或被电弧烧蚀。

④ 检修时将焊剂、松香等杂质残留在电器内，在高温下逸出的有机蒸汽污染了触点。

⑤ 物体和触点接触造成侵蚀，覆上有害的绝缘膜。

⑥ 触点电磨损和机械磨损。

处理方法有：

检查接触电阻的大小，可用万用表电压挡进行测量，即在通电的情况下将万用表表笔接触触点的两侧，量程由大逐挡变小。如果测得的电压降大，则表明接触电阻大；若电压降为零，则表明触点接触良好。另外，还可用在断电的情况下用万用表的电阻挡直接测量触点的接触电阻的方法来判断，但必须注意，触点的接触电阻与外加给衔铁的压力大小有关。因此，最好在断开触点端子接线后，在线圈中通入电源的情况下测量触点两侧的电阻。

为了检修触点接触电阻过大的故障，除按前面介绍的方法对触点进行处理外，平时应定期拆下灭弧罩，对触点进行检查和清洁，以防事故于未然。另外，对于工作在有酸、碱、盐、雾气等场合的电器，宜选用密封型、带隔离罩的电器，并采取适当的防护措施。

(6) 触点击穿。造成触点击穿的原因有：

① 电源电压太高。

② 负荷过重（或触点容量过小）。

以上情况都会造成触点过载及触桥过热、变形、退火弯曲、击穿烧毁等故障。

处理方法有：

① 检查电源电压，设法降低过高的端电压。

② 减轻负荷或更换触点容量更大的电器。

(7) 触点附件故障。如导电板、弹簧、运动部件及绝缘部件烧损、变形、失去弹性、卡阻、熔焊及炭化等，须拆下检修或更换新的部件，经检修后，主触点和辅助触点的开距、超行程、初压力和终压力应符合该产品的技术要求。

(8) 触点的润滑。对触点进行润滑有以下好处：

① 可以防止触点磨损和电弧腐蚀。

② 润滑脂能填充触点表面的凹陷处，使触点的接触面积大大增加。

③ 电膏等润滑脂具有导电性，故能增大触点的电接触面，使接触电阻降低，热点减少。

④ 能使动、静触点的表面熔结或金属扩散的危害大为减轻，从而大大提高触点的

工作效率。

⑤ 能有效地减轻火花及电弧的危害。

触点润滑油有导电膏、硅脂凡士林润滑脂和 DTB-82 保护剂等品种，但在接触面上均不可涂得太厚，否则反而无效。

(三) 灭弧系统的常见故障与维修

1. 灭弧系统的常见故障

(1) 灭弧罩受潮。灭弧罩一般用石棉水泥板或陶土制成，容易吸潮。如被雨淋或严重受潮，灭弧罩的绝缘性能将大大降低，不利于灭弧。

(2) 灭弧罩老化。经长期使用或分断故障电流后，灭弧罩的石棉水泥或陶土表面被烧焦炭化，极不利于灭弧。

(3) 灭弧罩破损。

(4) 隔弧板缺损，与胶木底板结合不平服。如果出现缝隙，就会发生相间短路事故。

(5) 灭弧栅片脱落或烧毁。灭弧栅片是用来加强近极效应，促使电弧熄灭的。栅片用铁片镀铜或镀锌制成。如果栅片脱落或烧毁，将会大大影响灭弧效果。

(6) 胶木件被电弧击穿，烧坏炭化。

2. 灭弧系统故障处理的一般方法

(1) 对受潮的灭弧罩应做烘干处理。烘干的方法可用红外线灯照射或架在电阻炉上驱潮。

(2) 灭弧罩表面烧焦炭化时，应及时处理，可用细锉将烧焦炭化部分及触点上喷溅出来的金属颗粒锉掉，或用小刀刮掉，并将灭弧罩吹刷干净。修刮时必须保证表面的光洁度，毛糙的表面会增大电弧运动的阻力，不利于灭弧。

(3) 破损的灭弧罩应立即更换。绝不允许不装灭弧罩运行，也不允许三相只装两相，否则当拉合闸或发生短路故障跳闸时，会造成严重的相间短路事故。

(4) 更换隔弧板，并清除触点上喷溅到缝隙和隔弧板上的金属颗粒。

(5) 灭弧栅片脱落或烧毁，可用铁片（不得使用铜片）按原尺寸重做一个装上。

(6) 胶木件烧焦炭化，若不严重，可刮去炭化部分，并涂上绝缘漆，待干燥后勉强可应付使用（测试绝缘电阻应在 $1\ M\Omega$ 以上）。但要注意，经烧损修复的胶木件一旦受潮或发热，又会再次击穿，因此最好换新。

**四、低压电器的分类、主要技术性能指标及参数**

(一) 低压电器的分类

低压电器根据其在电路中的用途可分为两大类：主电路开关电器和辅助电路控制电器。

主电路开关电器是指用于电气控制中配电线路或系统主电路中的开关电器及其组合，主要包括刀开关（或刀形转换开关）、隔离器（隔离开关）、熔断器及其与其他开关电器的组合、断路器、接触器和启动器等。这些开关电器在不同电路中有不同的用途和不同的配合关系，其特征和主要参数也各不相同。选用主电路开关电器时，首先是要满足电路功能要求，即负载要求，同时也要做到所选开关电器在技术、经济指标等各方面合理，在满足所担负的配电、控制和保护任务的前提下，能充分发挥本身所具备的各种功能和作用。为此，在选用时需要了解各种开关电器的用途、分类、性能、主要参数，以及选用原则。同时还要分析具体的使用条件和负载要求，如电源数据、短路特征、负载特点和要求等。

辅助电路控制电器指在电路中起发布命令、信号，或起控制、转换和联络作用的电器，主电路开关电路上的辅助触点及控制用附件也包括在辅助电路控制电器的范围之内。辅助电路控制电器种类繁多，其动作原理和在电路中所起的作用也各不相同。辅助电路控制电器包括：各种按钮、旋转开关、脚踏开关、主令控制器等人力操作控制开关；电磁操作控制开关，如延时动作或瞬时动作的接触器式继电器、各种时间继电器等；指示开关，如压力开关、热敏开关、拨码开关等；位置开关，如限位开关、行程开关、接近开关及其他无触点开关。

选用辅助电路控制电器，除应满足电路对辅助电路控制电器的电气要求外，还应满足一系列其他要求，如生产过程工艺要求等。此外，还要求这些电器具备安装方便、端子标记清楚、接线简便迅速等特点。

(二) 低压电器的主要技术性能及参数

1. 开关电器的通断工作类型及参数

(1) 隔离。隔离指开关电器把电气设备和电源"隔开"的功能，用于对电气设备的带电部分进行维修时确保人员和设备的安全。隔离不仅要求各电流通路之间、电流通路和邻近的接地零部件之间应保持规定的电气间隙，电器的动、静触点之间也应保持规定的电气间隙。如果在维修期间需要确保电气设备一直处于无电状态，应选用操作机构能在分断位置上锁的隔离器。

(2) 无载（空载）通断。无载通断指接通或分断电路时不分断电流，分开的两触点间不会出现明显电压的情况。选用无载通断的开关电器时，必须有其他措施可以保证不会出现有载通断的可能性，否则可能损坏设备，甚至造成危及人身安全的危险事故。无载通断的开关电器仅在某些专门场所如隔离器中使用。

(3) 有载通断。有载通断是相对于无载通断而言，其开关电器需要接通和分断一定的负载电流，具体负载电流的数据随负载类型而异。例如，有的隔离器也能在非故障条件下接通和分断电路，其通断能力应大致和其需要通断的额定电流相同。

(4) 通电持续率。电器的有载时间与工作时间之比，常用百分数表示。

(5) 接通能力。开关电器在规定的条件下，能在给定的电压下接通的预期接通电流值。

(6) 分断能力。开关电器在规定的条件下，能在给定的电压下分断的预期分断电流值。

2. 有关开关电器动作时间的参数

(1) 断开时间：从断开操作开始瞬间到所有极的触点都分开瞬间为止的时间间隔。

(2) 燃弧时间：电器分断电路过程中，从（弧）触点断开（或熔断体熔断）出现电弧的瞬间开始到电弧完全熄灭为止的时间间隔。

(3) 闭合时间：开关电器从闭合操作开始瞬间起到所有极的触点都接触瞬间为止的时间间隔。

### 3. 与额定电流和短路电流相关的参数

当按额定电流选用开关电器时,开关电器的额定工作制(如连续工作、断续工作或短时工作等)是主要决定因素。按照开关电器的发热特性,有下列几个与额定电流相关的参数。

(1)额定持续电流:在长期工作制下,电器各部件的温升不超过规定极限值时所承载的电流值。

(2)额定工作电流:在规定条件下,保证电器正常工作的电流值。它和额定电压、电网频率、额定工作制、使用类别、触点寿命及防护等级等因素有关,一个开关电器可以有不同的工作电流值。

(3)额定发热电流:在规定条件下试验时,电器在 8 h 工作制下,各部位的温升不超过规定极限值时所能承载的最大电流值。

在按短路强度和额定通断能力选用开关电器时,短路点处的短路电流值是一个决定性因素,常用以下指标来衡量。

(1)峰值耐受(短路)电流(动稳定短路强度):在规定的使用条件和性能条件下,开关电器在闭合位置上所能承受的电流峰值。这个电流是电路中允许出现的最大瞬时短路电流值,其电动力效应也最大。

(2)额定短时耐受电流(热稳定短路强度):在规定的使用条件和性能条件下,开关电器在指定的短时间(1 s)内,在闭合位置上所能承载的电流。开关电器必须能持续 1 s 承受允许出现的短时电流而不会受到破坏。

(3)额定短路分断能力:在规定的条件下(包括开关电器出线端短路)开关电器的分断能力,如断路器在额定频率、给定功率因数和额定工作电压提高 10% 的条件下能够分断的短路电流。

(4)额定短路通断能力:在规定的条件下,开关电器能在给定的电压下接通和分断的预期电流值。

对有短路保护功能的开关电器,其额定短路通断能力是指在额定工作电压提高 10%,频率和功率因数均为额定值的条件下能够接通和分断的额定电流。额定短路接通能力以电器安装处预期短路电流的峰值为最大值,额定短路分断能力则以短路电流周期分量的有效值表示。在选用时应保证开关电器的额定短路通断能力高于电路中预期短路电流的相应数据。

(5)约定脱扣电流:在约定时间内能使继电器或脱扣器产生动作的规定电流值。

(6)约定熔断电流:在约定时间内能使熔断器熔体熔断的规定电流值。对一般的开关电器的分断能力、接通能力和通断能力,约定熔断电流是指在给定的电压下分断、接通和通断相对应的预期电流值。在选用时应保证开关电器的额定通断能力高于电路中预期电流的相应数据。

### 4. 额定工作制

额定工作制是对元件、器件或设备所承受的一系列运行条件的分类。我国电机行业采用了 IEC 34-1 标准规定的(S1~S8)八种工作制分类。低压电器和电控设备多与电动机配套使用,故其工作制分类与之相似。我国低压电器行业选择了 S1~S3 三种工作制,并补充了 8 h 工作制和周期工作制两种工作制,对辅助电路控制电器有 8 h 工作制、不间断工作制、短时工作制和断续周期工作制四种标准工作制。

8 h 工作制实际上指电器的导电电路每次通以稳定电流时间不得超过 8 h 的一种长期工作制。周期工作制则指无论负载变动与否,总是有规律地反复进行的工作制。

S1 长期(不间断)工作制指在恒定负载(如额定功率)下连续运行相当长时间,可以使设备达到热平衡工作条件的工作制。这时系统中的元件必须正确选择,使其能无限期承载恒定的负载电流而无须采取什么措施,并且不会超过元件本身所允许的温升。

S2 短时工作制是与空载时间相比,有载时间较短的工作制。电气元件在额定工作电流恒定的一个工作周期内不会达到其允许温升,而在两个工作周期之间的间歇时间又很长,能使元件冷却到环境温度。因此,在 S2 短时工作制下,电气元件承载电流 $I>0$,但不会超过允许温升。S2 短时工作制时,有载时间也就是电气元件的升温时间,它可以长到元件在此期间能达到允许温升的程度。负载电流越大,则允许的有载时间(升温时间)越短。当环境温度升高时,允许的有载时间也会相应缩短。

S3 断续周期工作制指开关电器有载时间和无载时间周期性地相互交替分断接通,有载时间和无载时间都很短,使电气元件既不能在一个有载时间内升温到额定值,也不能在一个无载时间内冷却到常温。断续周期工作制用通电持续率(负载因数)$df$ 来描述,$df=t_S/t$。周期时间 $t$ 是有载时间 $t_S$ 和无载时间 $t_0$ 的总和。实际上,断续周期工作制是由一系列有载时间和无载时间组成的,即一些长短不同的有载时间被一些长短不同的无载时间所分隔,并且其组合顺序周期性地出现。

在无其他协议的情况下,电动机在 S3 断续周期工作制时的工作周期为 10 min,实际上这个周期长度应看作最大周期长度。

5. 使用类别

低压电器的使用类别是指有关操作条件的规定要求的组合。通常用额定工作电流的倍数、额定工作电压的倍数及其相应的功率因数或时间常数等来表征电器额定接通和分类能力的类别。不同类型的低压电器元件的使用类别是不同的,常见低压电气的使用类别具体分类见表 2-2。

表 2-2 低压电器的使用类别代号及其对应的用途

| 电流种类 | 使用类别代号 | 典型用途 |
| --- | --- | --- |
| 交流(AC) | AC-1 | 无感或微感负载,电阻炉 |
| | AC-2 | 绕线型电动机的启动和运转中分断 |
| | AC-3 | 笼型异步电动机的启动和运转中分断 |
| | AC-4 | 笼型电动机的启动、反接制动、反向和点动 |
| | AC-5a | 控制放电灯的通断 |
| | AC-5b | 控制白炽灯的通断 |
| | AC-6a | 变压器的通断 |
| | AC-6b | 电容器组的通断 |
| | AC-7a | 家用电器中的微感负载和类似用途 |
| | AC-7b | 家用电动机负载 |

续表

| 电流种类 | 使用类别代号 | 典型用途 |
| --- | --- | --- |
| 交流（AC） | AC-8a | 密封制冷压缩机中的电动机控制（过载继电器手动复位式） |
| | AC-8b | 密封制冷压缩机中的电动机控制（过载继电器自动复位式） |
| | AC-11 | 控制交流电磁铁负载 |
| | AC-12 | 控制电阻性负载和发光二极管隔离的固态负载 |
| | AC-13 | 控制变压器隔离的固态负载 |
| | AC-14 | 控制容量（闭合状态下）不大于72 V·A的电磁铁负载 |
| | AC-15 | 控制容量（闭合状态下）大于72 V·A的电磁铁负载 |
| | AC-20 | 无载条件下的"闭合"和"断开"电路 |
| | AC-21 | 通断电阻负载，包括通断适中的过载 |
| | AC-22 | 通断电阻电感混合负载，包括通断适中的过载 |
| | AC-23 | 通断电动机负载或其他高电感负载 |
| 交流（AC）和直流（DC） | A | 非选择性保护，在短路条件下断路器为非选择性保护，既无人为故意的短延时，也无额定短时耐受电流及相应的分断能力要求 |
| | B | 选择性保护，在短路条件下断路器应有选择性保护，即有短延时不小于0.5 s和额定短时耐受电流及相应的分断能力的要求 |
| 直流（DC） | DC-1 | 无感或微感负载，电阻炉 |
| | DC-3 | 并励电动机的启动、反接制动、点动 |
| | DC-5 | 串励电动机的启动、反接制动、点动 |
| | DC-6 | 白炽灯的通断 |
| | DC-11 | 控制直流电磁铁负载 |
| | DC-12 | 控制电阻性负载和发光二极管隔离的固态负载 |
| | DC-13 | 控制直流电磁铁负载 |
| | DC-14 | 控制电路中有经济电阻的直流电磁铁负载 |
| | DC-20 | 无载条件下的"闭合"和"断开"电路 |
| | DC-21 | 通断电阻性负载，包括通断适中的过载 |
| | DC-22 | 通断电阻电感混合负载，包括通断适中的过载，如并励电动机 |
| | DC-23 | 通断高电感负载，如串励电动机 |

6. 开关电器的操作频率和使用寿命

开关电器的操作频率与其工作制有关，同时还取决于实际使用情况。在选用开关电器时，应当充分考虑实际工作时的操作频率和所要求的使用寿命，合理确定开关电器的操作频率和使用寿命指标。

（1）开关电器的允许操作频率。允许操作频率是规定开关电器在每小时内可能实现的最高操作循环次数。单位为每小时多少次。开关电器的机械寿命也受操作频率的影响。在实际应用中，了解开关电器在额定工作条件下的允许操作频率非常重要。

（2）开关电器的机械寿命。开关电器的机械寿命是指开关电器在需要修理或更换零件前所能承受的无载操作循环次数，用操作次数表示。

（3）开关电器的电寿命。开关电器的电寿命是指在规定的正常工作条件下，开关电器不需修理或更换零件的负载操作循环次数，取决于触点在不受严重损坏（仍能保持正常功能）的前提下可以承受的通断次数。

7. 关于颜色标志

在电气技术领域中，为了保证正确操作，易于识别和防止事故，在接线、配线、敷线时，需要对各种绝缘导线的连接标记、导线的颜色、指示灯的颜色及接线端子的标记作出统一规定，以方便设备操作和维护，及时排除故障，确保人身和设备的安全。目前，国家有关电气技术领域的标记和颜色的标准主要有 GB/T 4026—2019《人机界面标志标识的基本和安全规则　设备端子、导体终端和导体的标识》、GB/T 4025—2010《人机界面标志标识的基本和安全规则　指示器和操作器件的编码规则》等。

（1）指示灯和按钮颜色的统一规定：表2-3列出了指示灯颜色及其含义，表2-4列出了按钮颜色及其含义，指示灯和按钮用指示灯被接通（发光、闪光）后所反映的信息或按钮被操作（按压）后所引起的功能来选色。

表 2-3　指示灯颜色及其含义

| 颜色 | 含义 | 解释 | 典型应用 |
| --- | --- | --- | --- |
| 红色 | 异常情况或警报 | 对可能出现危险和需要立即处理的情况报警 | 温度超过规定（或安全）限值，设备的重要部分已被保护电器切断 |
| 黄色 | 警告 | 状态改变或变量接近其极限值 | 温度偏离正常，允许存在一定时间的过载 |
| 绿色 | 准备、安全 | 安全运行条件指示或机械准备启动 | 冷却系统运转 |
| 蓝色 | 特殊指标 | 上述几种颜色即红、黄、绿色未包括的任一种功能 | 选择开关处于指定位置 |
| 白色 | 一般信号 | 上述几种颜色即红、黄、绿色未包括的各种功能，如某种动作正常 | — |

表 2-4　按钮颜色及其含义

| 颜色 | 含义 | 典型应用 |
| --- | --- | --- |
| 红色 | 危险情况下的操作 | 紧急停止 |
| | 停止或分析 | 全部停机：停止一台或多台电动机，停止一台机器某一部分，使电气元件失电，有停止功能的复位按键 |
| 黄色 | 应急、干预 | 应急操作：抑制不正常情况或中断不理想的工作周期 |
| 绿色 | 启动或接通 | 启动：启动一台或多台电动机，启动一台机器的一部分，使电气元件通电 |
| 蓝色 | 上述几种颜色即红、黄、绿色未包括的任一功能 | — |
| 灰色/白色 | 无专门指定功能 | 可用于"停止"和"分段"以外的任何情况 |

指示灯的作用是借以指示反映某个指令、某种状态、某些条件或某类演变，如正在执行或已被执行，从而引起操作者的注意，或指示操作者应做的某种操作。指示灯的闪光信息则指示操作者进一步引起注意或须立即采取行动等。

对于按钮，红色按钮用于"停止"或"断电"；绿色按钮优先用于"启动"或"通电"，但也允许选用黑、白或灰色按钮；一钮双用即交替按压后改变功能，如"启动"与"停止"、"通电"与"断电"，既不能用红色按钮，亦不能用绿色按钮，而应用黑、白或灰色按钮；按压时运动、抬起时停止运动（如点动、微动），应用黑、白、灰或绿色按钮，最好是黑色按钮，而不能用红色按钮；单一复位功能，用蓝、黑、白或灰色按钮；同时有"复位"、"停止"与"断电"功能，用红色按钮。灯光按钮不得用作事故按钮。

（2）依导线颜色标识电路的规定：表2-5列出了依导线颜色标识电路的规定及其含义，导线的颜色有白、红、棕、黑、蓝或淡蓝、绿、棕、紫及绿/黄双色。为安全起见，除绿/黄双色外，不能用黄或绿与其他颜色组成双色。在不引起混淆的情况下，可以使用黄和绿之外的其他颜色组成双色，优先选用淡蓝、黑、棕、白、红五种颜色。颜色标志可用规定的颜色或用绝缘导体的绝缘颜色标记在导体的全部长度上，也可标记在所选择的位置上。

表 2-5 依导线颜色标识电路的规定

| 序号 | 导线颜色 | 所标识电路 |
|---|---|---|
| 1 | 黑色 | 装置和设备的内部布线 |
| 2 | 棕色 | 直流电路的正极 |
| 3 | 红色 | 交流三相电路的第三相（L3 或 W 相）<br>半导体三极管的集电极<br>半导体三极管、整流二极管或晶闸管的阴极 |
| 4 | 黄色 | 交流三相电路的第一相（L1 或 U 相）<br>半导体三极管的基极<br>晶闸管和双向晶闸管的门极 |
| 5 | 绿色 | 交流三相电路的第二相（L2 或 V 相） |
| 6 | 蓝色 | 直流电路的负极<br>半导体三极管的发射极<br>半导体三极管、整流二极管或晶闸管的阳极 |
| 7 | 淡蓝色 | 交流三相电路的零线或中性线<br>直流电路的接地中间线 |
| 8 | 白色 | 双向晶闸管的主电极<br>无指定用色的半导体电路 |
| 9 | 绿/黄双色<br>（每种色宽约 15~100 mm 交替贴接） | 安全用的接地线 |
| 10 | 红、黑并行 | 用双芯导线或双根绞线连接的交流电路 |

下面重点介绍绿/黄双色和淡蓝色导线的使用。

① 绿/黄双色的使用。绿/黄双色只用来标记保护导体，不能用于其他目的。用作保护导体的裸导体或母线，必须用 15~100 mm、宽度相等的绿色和黄色相间的条纹，在每个导体的全部长度上或者只在每个区间、每个单元或每个可接触的部位上做出标志。如果使用胶带，只能使用双色胶带。对于绝缘导体上的绿/黄双色，必须是在每 15 mm 长的绝缘导体上，一种颜色覆盖的导体表面不小于 30%、不大于 70%；另一种颜色覆盖其余的表面。

如果保护导体从其形状、结构或位置上（如同芯导体）容易识别，则在导体的全部长度上不必都有颜色标志，但其端部或可接触到的部位应用绿/黄双色标志或其他形式的标志。

② 淡蓝色的使用。淡蓝色只用于中性线或中间线。电路中有用颜色来识别的中性线或中间线时，所用的颜色必须是淡蓝色。如果用颜色来标记作为中性线或中间线的裸导体或母线时，必须用 15~100 mm 宽的淡蓝色条纹，在每个区间、每个单元或每个可接触的部位做出标志，或者用淡蓝色在全部长度上做出标志。

8. 低压电器的图形符号与文字符号

电气图形符号是电气技术领域必不可少的工程语言，只有正确识别、使用电气图形符号和文字符号，才能阅读、绘制电气图。

1983 年 4 月国家标准局组织成立了全国电气图形符号标准化技术委员会（现全国电气信息结构、文件编制和图形符号标准化技术委员会），并相继颁布了一批关于电气图形符号的国家标准。国家标准基本采用了 IEC 发布的电气图形符号。绘制电气控制图时，常用的电气制图国家标准有：

（1）GB/T 4728.8—2022《电气简图用图形符号　第 8 部分：测量仪表、灯和信号器件》。

（2）GB/T 5094.1—2018《工业系统、装置与设备以及工业产品　结构原则与参照代号　第 1 部分：基本规则》。

（3）GB/T 6988.1—2024《电气技术用文件的编制　第 1 部分：规则》。

（4）GB/T 5226.1—2019《机械电气安全　机械电气设备　第 1 部分：通用技术条件》。

低压电器的常见图形符号和文字符号见附录。

# 项目一　常用低压保护电器

● 任务描述

有些低压电器能够在电路发生短路、过载、失电压等故障时发挥作用，根据设备的特点对设备、环境以及人身实行自动保护，这些低压电器是什么？它们有什么样的特点？如何正确使用？

## 任务一　低压熔断器的使用

### 一、学习目标
能够认识低压熔断器的用途、型号、结构及工作原理。

### 二、学习内容
熔断器是基于电流热效应原理和发热元件热熔断原理设计，具有一定的瞬动特性，用于电路的短路保护和严重过载保护的装置。使用时，熔断器串接于被保护的电路中，当电路发生短路故障时，熔断器中的熔体被瞬时熔断而分断电路，起到保护作用。它具有结构简单、体积小、使用和维护方便、分断能力较高、限流性能良好、价格低廉等特点。

（一）熔断器的结构和分类

1. 熔断器的结构

熔断器在结构上主要由熔断管（或盖、座）、熔体及导电部件等元器件组成。其中熔体是主要部分，它既是感测元件又是执行元件。熔断管一般由硬质纤维或瓷质绝缘材料制成，具有半封闭式或封闭式管状外壳，熔体则装于其内。熔断管的作用是便于安装熔体和有利于熔体熔断时熄灭电弧。熔体（又称作熔件）由不同金属材料（铅锡合金、锌、铜或银）制成丝状、带状、片状或笼状，它串接于被保护的电路中。熔断器的作用是当电路发生短路时，通过熔体的电流使其发热，当达到熔化温度时熔体自行熔断，从而分断故障电路。

在电气原理图中，熔断器的图形符号和文字符号如图2-12所示。

图 2-12　熔断器的图形符号和文字符号

2. 熔断器的分类

熔断器的种类很多，按结构来分有插入式、螺旋式、封闭管式，如图2-13所示；按用途来分有一般工业用熔断器、半导体器件保护用快速熔断器和特殊熔断器（如具有两段保护特性的快慢动作熔断器、自复式熔断器等）。下面主要介绍插入式、螺旋式、封闭管式、快速和自复式五种类型的熔断器。

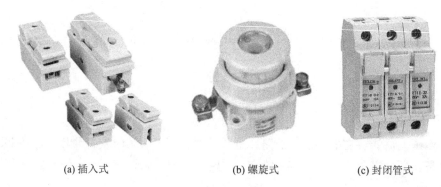

(a) 插入式　　　　(b) 螺旋式　　　　(c) 封闭管式

图 2-13　几种常见的熔断器

(1) 插入式熔断器：

主要用于低压分支电路的短路保护，由于其分断能力较弱，一般多用于民用和照明电路中。

(2) 螺旋式熔断器：

该系列产品的熔管内装有石英砂或惰性气体，用于熄灭电弧，具有较高的分断能力，并带熔断指示器。当熔体熔断时指示器自动弹出。

(3) 封闭管式熔断器：

该种熔断器分为无填料、有填料两种。无填料熔断器在低压电力网络成套配电设备中用于短路保护和连续过载保护。其特点是可拆卸，即当熔体熔断后，用户可以按要求自行拆开，重新装入新的熔体。有填料熔断器具有较强的分断能力，用于较大电流的电力输配电系统中，还可以用于熔断器式隔离器、开关熔断器等电器中。

(4) 快速熔断器：

该种熔断器主要用于半导体整流元件或整流装置的短路保护。由于半导体元件的过载能力很低，只能在极短时间内承受较大的过载电流，因此要求短路保护具有快速熔断的能力。快速熔断器的结构和有填料封闭管式熔断器基本相同，但熔体材料和形状不同。

(5) 自复式熔断器：

自复式熔断器是一种新型熔断器。它利用金属钠做熔体，在常温下，钠的电阻很小，允许通过正常的工作电流。当电路发生短路时，短路电流产生高温使钠迅速升华；气态钠电阻变得很高，从而限制了短路电流；当故障消除后，由于温度下降，金属钠重新凝华，恢复其良好的导电性。其优点是能重复使用，不必更换熔体。它在线路中只能限制故障电流，而不能切断故障电路。

(二) 熔断器的保护特性

熔断器的保护特性亦称熔化特性（或称安秒特性），是指熔体的熔化电流与熔化时间之间的关系。它和热继电器的保护特性一样，也具有反时限特性，如图 2-14 所示。在保护特性中有一熔体熔断与不熔断的分界线，与此相应的

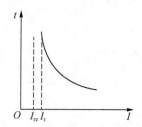

图 2-14　熔断器的保护特性

电流就是最小熔化电流 $I_r$。当熔体通过的电流等于或大于 $I_r$ 时，熔体熔断。当熔体通过的电流小于 $I_r$ 时，熔体不熔断。根据对熔断器的要求，熔体通过额定电流 $I_{re}$ 时绝对不熔断。

最小熔化电流 $I_r$ 与熔体额定电流 $I_{re}$ 之比称为熔断器的熔化系数 $K$，即 $K=I_r/I_{re}$。

熔化系数主要取决于熔体的材料和工作温度以及它的结构。当熔体采用低熔点的金属材料（如铅、锡合金及锌等）时，熔化时所需热量小，故熔化系数较小，有利于过载保护；但它们的电阻系数较大，熔体截面积较大，熔断时产生的金属蒸气较多，不利于灭弧，故分断能力较低。当熔体采用高熔点的金属材料（如铝、铜和银等）时，熔化时所需热量大，故熔化系数较大，不利于过载保护，而且可能使熔断器过热；然而，它们的电阻系数低，熔体截面积较小，有利于灭弧，故分断能力较高。由此看来，采用不同熔体材料的熔断器，在电路中起保护作用的侧重点是不同的。

（三）熔断器的技术参数

1. 额定电压

额定电压指熔断器长期工作时和分断后能够承受的电压，其值一般等于或大于电气设备的额定电压。

2. 额定电流

额定电流指熔断器长期工作时，温升不超过规定值时所能承受的电流。为了减少熔断管的规格，熔断管的额定电流等级比较少，而熔体的额定电流等级比较多，即在同一个额定电流等级的熔断管内可以有多个额定电流等级的熔体，但熔体的额定电流最大不能超过熔断管的额定电流。

3. 极限分断能力

熔断器在规定的额定电压和功率因数（或时间常数）条件下，能分断的最大电流值为极限分断能力。而在电路中出现的最大电流值一般是指短路电流值。所以，极限分断能力也反映了熔断器分断短路电流的能力。

（四）熔断器的选择

熔断器的选择包括熔断器类型的选择和熔体额定电流的选择两部分。

1. 熔断器类型的选择

选择熔断器类型时，主要依据负载的保护特性和短路电流的大小。例如，用于保护照明线路和电动机的熔断器，一般考虑它们的过载保护。这时，希望熔断器的熔化系数适当小些。所以，容量较小的照明线路和电动机宜采用熔体为铅锌合金的熔断器，而大容量的照明线路和电动机，除过载保护外，还应考虑短路时分断短路电流的能力。当短路电流较小时，可采用熔体为锡质或熔体为锌质的熔断器。用于车间低压供电线路保护熔断器，一般考虑短路时的分断能力。当短路电流较大时，宜采用具有高分断能力的熔断器。当短路电流相当大时，宜采用有限流作用的熔断器。

2. 熔体额定电流的选择

（1）用于保护照明线路或电热设备的熔断器，因负载电流比较稳定，熔体的额定电流一般应等于或稍大于负载的额定电流，即

$$I_{re} \geq I_e \tag{2-8}$$

式中：$I_{re}$ 为熔体的额定电流，$I_e$ 为负载的额定电流。

(2) 用于保护单台长期工作的电动机（供电支线）的熔断器，考虑电动机启动时不应熔断，即

$$I_{re} \geq (1.5 \sim 2.5)I_e \tag{2-9}$$

轻载启动或启动时间比较短时，系数可取近似 1.5。重载启动或启动时间比较长时，系数可取近似 2.5。

(3) 用于保护频繁启动电动机（供电支线）的熔断器，考虑频繁启动时发热而熔断器不应熔断，即

$$I_{re} \geq (3 \sim 3.5)I_e \tag{2-10}$$

式中：$I_{re}$ 为熔体的额定电流，$I_e$ 为电动机的额定电流。

(4) 用于保护多台电动机（供电干线）的熔断器，在出现尖峰电流 $I_{e,max}$ 时应熔断。通常将其中容量最大的一台电动机启动，而其余电动机正常运行时出现的电流作为其尖峰电流。为此，熔体的额定电流应满足

$$I_{re} \geq (1.5 \sim 2.5)I_{e,max} + \sum I_e \tag{2-11}$$

式中：$I_{e,max}$ 为多台电动机中容量最大的一台电动机的额定电流，$\sum I_e$ 为其余电动机的额定电流之和。

(5) 为防止发生越级熔断，上、下级（供电干、支线）熔断器间应有良好的协调配合。为此，应使上一级（供电干线）熔断器的熔体额定电流比下一级（供电支线）大 1~2 个级差。两级熔体的额定电流比值不小于 1.6:1。

(6) 熔断器额定电压的选择应等于或大于所在电路的额定电压。

（五）使用熔断器的注意事项

(1) 铭牌不清的熔体不能使用。
(2) 不能用铜丝或铁丝代替熔体。
(3) 熔体的额定值不能大于熔断器的额定值。
(4) 更换熔体或熔断器前应先断电。

● 做中学

一、任务要求

(1) 观察不同类型、规格的熔断器的外形和结构特点。
(2) 更换 RL1 系列熔断器的熔体。

二、所需设备、材料和工具

所需设备、材料和工具如表 2-6 所示。

表 2-6 所需设备、材料和工具

| 名称 | 规格 | 单位 | 数量 |
| --- | --- | --- | --- |
| 万用表 | KJ9205 型 | 个 | 1 |
| 熔断器 | RC1A、RL1、RS0 各系列 | 只 | 各 1 |

## 三、任务评价

任务评价如表 2-7 所示。

表 2-7　低压熔断器的识别与检修任务评价表

| 任务名称 | 低压熔断器的识别与检修 | 学生姓名 | | 学号 | | 组号 | | 班级 | | 日期 | |
|---|---|---|---|---|---|---|---|---|---|---|---|
| 项目内容 | 评分标准 | | | | | | | | | 得分 | |
| 熟悉电器 | 1. 熔断器的工作原理（10 分） | | | | | | | | | | |
| | 2. 熔断器的分类（10 分） | | | | | | | | | | |
| | 3. 熔断器的选用（10 分） | | | | | | | | | | |
| 检测熔断器 | 1. 检测方法、结果正确（10 分） | | | | | | | | | | |
| | 2. 正确安装熔丝、熔体（20 分） | | | | | | | | | | |
| 接入电路 | 将各式熔断器接入电路（30 分） | | | | | | | | | | |
| 文明生产、小组合作 | 严格遵守安全规程、文明生产、规范操作；小组协作、共同完成（10 分） | | | | | | | | | | |
| 总评 | | | | | | | | | | | |

## 四、思考与拓展

1. 填空题

（1）熔断器是一种＿＿＿＿＿＿电器。

（2）熔断器串接在＿＿＿＿＿＿中，当电路发生短路故障时，自动＿＿＿＿＿＿。

（3）熔断器的文字符号为＿＿＿＿＿＿，图形符号为＿＿＿＿＿＿。

2. 判断题

（1）熔断器在电路中只能起短路保护作用。　　　　　　　　　　（　　）

（2）熔断器是熔断管和熔体的总称。　　　　　　　　　　　　　（　　）

## 任务二　热继电器的使用

### 一、学习目标

（1）掌握热继电器的用途、型号。

（2）了解热继电器的结构及工作原理。

（3）能够根据需要正确选择热继电器。

（4）能够正确使用和安装热继电器，并能够检测热继电器的好坏。

### 二、所需设备、材料和工具

所需设备、材料和工具如表 2-8 所示。

表 2-8　所需设备、材料和工具

| 名称 | 规格 | 单位 | 数量 |
| --- | --- | --- | --- |
| 热继电器 | JR16 | 只 | 1 |
| 万用表 | KJ9205 | 个 | 1 |
| 十字螺丝刀 | — | 把 | 1 |

### 三、学习内容

**（一）热继电器的用途**

热继电器是一种过载保护电器。当线路负载电流较长时间超过额定值时，热继电器就会自动切断电路。

**（二）热继电器的型号含义**

热继电器的型号含义及举例如下：

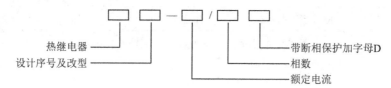

例如：

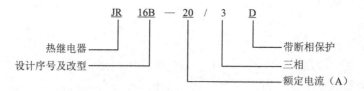

**（三）热继电器的外形及结构**

热继电器由热元件、动作机构、动断触点、复位按钮、整定电流装置、接线柱螺钉等组成。JR16 系列热继电器的外形、结构及符号如图 2-15 所示。

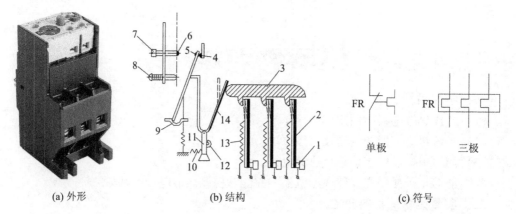

(a) 外形　　(b) 结构　　(c) 符号

图 (b) 中：1—双金属片固定柱；2—双金属片；3—导板；4、6—静触点；5—动触点；7—复位调节螺钉；8—复位按钮；9—推杆；10—弹簧；11—支撑件；12—调节旋钮；13—加热元件；14—补偿双金属片。

图 2-15　JR16 系列热继电器的外形、结构及符号

## 四、热继电器的原理

(1) 热继电器是利用电流的热效应使热元件发热而产生动作的电器。热元件由电阻丝和双金属片组成。如图 2-16 所示，双金属片由两种具有不同膨胀系数的金属片碾压而成。

(2) 热继电器的热元件串联在电动机的主电路中，如图 2-17 所示。

(3) 热继电器的动断触点串联在电动机的控制电路中，如图 2-18 所示。

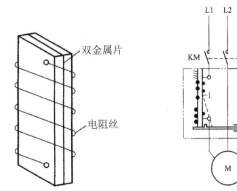
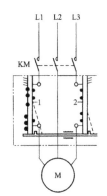
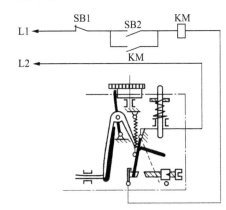

图 2-16 热继电器的热元件　　图 2-17 热元件的连接　　图 2-18 热继电器动断触点的连接

(4) 当主电路正常工作时，主电路中的电流在允许范围内，热元件的双金属片不发生弯曲，导板不产生动作。串联在控制电路中的动断触点闭合，控制电路接通，电动机正常工作，如图 2-19 所示。

(5) 当电动机过载运行时，过载电流流过热元件的电阻丝，双金属片受热发生弯曲，推动导板通过推杆机构，将推力传给动断触点，使动断触点断开，切断控制回路电源。接触器线圈断电，衔铁释放，主触点断开，电动机停转，如图 2-20 所示。

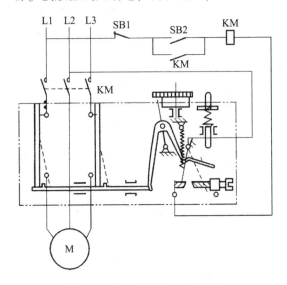
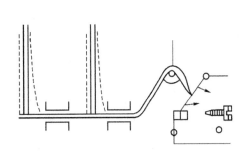

图 2-19 热继电器的工作原理图　　图 2-20 热继电器的动作原理图

(6) 当热元件冷却后，双金属片恢复原状，动断触点自动复位，如图 2-21 所示。

（7）如用手动复位，则需要按下按钮，借助动触点上的杠杆装置使触点复位闭合，如图 2-22 所示。

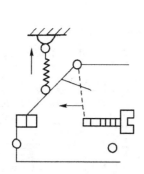

图 2-21 热继电器的自动复位

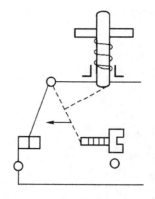

图 2-22 热继电器的手动复位

### 做中学

#### 一、任务要求

（1）明确热继电器的定义、用途。
（2）了解热继电器的工作原理。
（3）能够正确使用电工工具检测热继电器的好坏。
（4）熟练掌握热继电器在电路中的连接方式。

#### 二、任务评价

任务评价如表 2-9 所示。

表 2-9 热继电器的使用任务评价表

| 任务名称 | 热继电器的使用 | 学生姓名 | 学号 | 组号 | 班级 | 日期 |
|---|---|---|---|---|---|---|
| 项目内容 | 评分标准 | | | | | 得分 |
| 熟悉电器 | 1. 热继电器的定义（10分） | | | | | |
| | 2. 热继电器的工作原理（10分） | | | | | |
| | 3. 热继电器的功能（10分） | | | | | |
| 检测热继电器 | 1. 检测方法、结果正确（10分） | | | | | |
| | 2. 正确检测热继电器的触点（20分） | | | | | |
| 接入电路 | 将热继电器接入电路（30分） | | | | | |
| 文明生产、小组合作 | 严格遵守安全规程、文明生产、规范操作；小组协作、共同完成（10分） | | | | | |
| 总评 | | | | | | |

### 三、思考与拓展

1. 填空题

（1）热继电器是一种_____电器，利用电流的_____来产生动作。

（2）热继电器的热元件由_____和_____组成，它串联在_____中。

（3）热继电器的动断触点应_____在控制电路中。

（4）热继电器产生动作后复位方式有_____和_____两种。

2. 判断题

（1）热元件的双金属片是用两种不同膨胀系数的金属片碾压而成的。（　　）

（2）继电器有一对动断触点。（　　）

（3）字母 RJ 是热继电器的代号。（　　）

3. 选择题

（1）热继电器是一种（　　）。

A. 过载保护电器　　　　B. 短路保护电器　　　　C. 过流保护电器

（2）热继电器具有（　　）。

A. 自动复位装置　　　　B. 手动复位装置　　　　C. 手动、自动复位装置

（3）热继电器的工作原理利用的是（　　）。

A. 电流的热效应　　　　B. 电流的磁效应

（4）主回路中的电流通过（　　）。

A. 电阻丝　　　　　　　B. 双金属片　　　　　　C. 热元件

## 任务三　低压断路器的使用

### 一、学习目标

（1）掌握低压断路器的用途、型号、工作原理及结构。

（2）能根据负载正确选择低压断路器。

### 二、学习内容

（一）低压断路器的用途

低压断路器又称空气断路器，也称自动空气开关，可简称断路器。

低压断路器是低压配电网络和电力拖动系统中常用的一种配电电器，它集控制和多种保护功能于一身，在正常情况下可用于不频繁地接通和断开电路，以及控制电动机的运行。当电路中发生短路、过载和欠电压等故障时，能自动切断故障电路，保护线路和电气设备。常见的几种低压断路器如图 2-23 所示。

图 2-23 常见的几种低压断路器

(二) 低压断路器的型号及含义

电力拖动系统中常用的低压断路器是 DZ 系列塑壳式低压断路器,如 DZ5 系列、DZ10 系列。下面以 DZ5-20 型为例介绍。

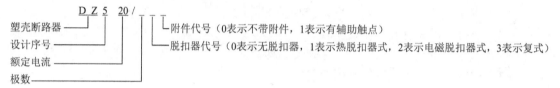

DZ5-20 型断路器由按钮、电磁脱扣器、自由脱扣器、动触点、静触点、接线柱、热脱扣器等组成,其结构如图 2-24 所示。

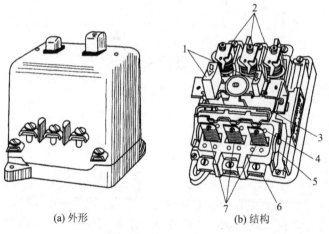

(a) 外形　　(b) 结构

图 (b) 中:1—按钮;2—电磁脱扣器;3—自由脱扣器;4—动触点;5—静触点;6—接线柱;7—热脱扣器。

图 2-24　DZ5-20 型低压断路器

(三) 低压断路器的工作原理

1. 低压断路器的工作原理

低压断路器的工作原理如图 2-25 所示。

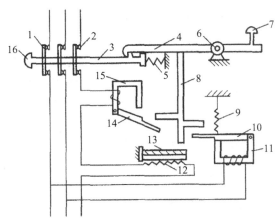

1—动触点；2—静触点；3—锁扣；4—搭钩；5—反作用弹簧；6—转轴座；7—分断按钮；8—杠杆；9—拉力弹簧；10—欠电压脱扣器衔铁；11—欠电压脱扣器；12—热元件；13—双金属片；14—电磁脱扣器衔铁；15—电磁脱扣器；16—接通按钮。

图 2-25　低压断路器工作原理图

2. 低压断路器的动作原理

以 DZ5 系列为例，低压断路器的动作原理介绍如下。

（1）三对主触点（1、2 共三对）串联在被控制的三相主电路中。当按下接通按钮 16 时，通过操作机构由锁扣 3 钩住搭钩 4，克服反作用弹簧 5 的反力使三相主触点保持闭合状态。

（2）电路工作正常时，电磁脱扣器 15 的线圈所产生的电磁吸力不能将电磁脱扣器衔铁 14 吸合，主触点保持闭合。

（3）电路发生短路故障时，通过电磁脱扣器 15 的线圈的电流增大，产生的电磁力增加，将电磁脱扣器衔铁 14 吸合，并撞击杠杆 8，将搭钩 4 往上顶，使其与锁扣 3 脱钩，在反作用弹簧 5 的作用下，断开主触点，切断电源，起短路保护作用。

（4）电路中电压不足（小于额定电压 85%）或失去电压时，欠电压脱扣器 11 的吸力减小或消失，欠电压脱扣器衔铁 10 被拉力弹簧 9 拉开撞击杠杆 8，使搭钩 4 顶开，切断电路，起到欠电压保护作用。

（5）电路中发生过载时，过载电流流过热脱扣器的热元件 12，使双金属片 13 变热弯曲，将杠杆 8 上顶，使搭钩 4 与锁扣 3 脱钩，在反作用弹簧 5 的作用下，三对主触点断开，切断电源，起到过载保护作用。

（6）需要手动分断电路时，按下分断按钮 7 即可。

低压断路器的图形和文字符号如图 2-26 所示。

图 2-26　低压断路器的图形和文字符号

（四）低压断路器的触点系统

触点系统是低压断路器的执行元件，用以接通或分断电路，在正常情况下，主触点可接通、分断工作电流。当电路出现故障时，触点系统能快速、及时地切断高达数十倍额定电流的故障电流，从而保护电路及电气设备。

常见的触点形式有：对接式触点、桥式触点和插入式触点。对接式和桥式触点多为面接触。为了提高接触性能，在接触处都焊有银基合金镶块。插入式触点常用作板后接线的插入式连接。例如，低压抽屉开关柜中使用的DW95系列低压断路器，这种触点的特点是在通过巨大的短路电流时，有电动力补偿作用。

断路器的触点有单挡、双挡和三挡之分。单挡触点只有主触点（兼作弧触点），适用于小容量低压断路器，例如DW10型200 A的触点就是单挡触点。双挡触点具有主触点和弧触点，例如DW10型200~600 A的触点就是双挡触点。主触点在正常合闸状态下通过额定电流，在故障状态下通过故障电流。由于主触点需要有足够的电动稳定性、热稳定性及很低的接触电阻，因此一般采用银和银基粉末冶金材料制造。为了防止主触点在通断过程被电弧所烧坏，主触点并联了一个弧触点。弧触点主要起分断电弧、保护主触点的作用。因此，弧触点要耐弧、耐磨、抗熔焊，一般多采用银钨合金、铜钨、铜石墨或银石墨粉末冶金材料制成。三挡触点是在主、弧触点之间增加一挡副触点。副触点常用于额定电流1 500 A及以上的低压断路器，作为主触点的双重保护。

低压断路器闭合时触点的动作顺序是弧触点先闭合，其次是副触点闭合，最后是主触点闭合；分断时相反，主触点先断开，然后是副触点断开，弧触点最后断开。因此，燃弧总是发生在弧触点上，从而保证了主触点不被烧蚀，能长期稳定地工作。正常工作时，弧触点的电阻较主触点大，流过的工作电流很小。当弧触点失去作用时，副触点可以代替弧触点对主触点进行保护。

低压断路器常应用双挡触点，这样可简化结构，如DW15低压断路器。由于触点合金材料性能的提高，低压断路器也有采用单挡触点的，如小型模数断路器。

（五）低压断路器的灭弧系统

灭弧系统的主要作用是熄灭触点在切断电路时所产生的电弧。由于断路器的结构、型号、电压等级、额定电流等技术参数不同，所采用的灭弧方式也不一样。一般低压断路器的灭弧系统常采用灭弧栅片和窄片相结合的复式结构，既增强灭弧能力，又减小飞弧距离，从而提高断流容量。低压断路器的灭弧系统必须保证以下性能。

（1）可靠地熄灭电弧，燃弧应尽可能短。

（2）有足够的热容量，在熄灭电弧时灭弧室的温度不会太高，防止灭弧室变形或碎裂。

（3）飞弧距离尽可能小。必要时在栅片上部增设灭焰栅片。

（4）灭弧室一般选用钢纸板、三聚氰胺等材料，它们在受电弧高温作用时，能产生有利于灭弧的气体。

（5）灭弧室的室壁较平整，既便于电弧运动，也利于电弧与室壁接触而冷却，增强灭弧性能。

（6）有良好的绝缘性能，在受电弧高温作用后不容易炭化。

（7）有足够的机械强度，可承受电弧热能所产生的压力，而不致碎裂。

灭弧装置的结构因断路器的种类而异。图2-27是框架式低压断路器所用的一种灭弧罩，它由灭焰栅片、灭弧栅片及陶土夹板所组成。触点分断时产生的电弧，被拉长后即被交叉放置的长短不同的钢质栅片吸引过去，并被栅片分割为许多段，在栅片的强烈冷却作用和短弧效应作用下迅速熄灭。灭焰栅片装设在灭弧室的出口处，其作用在于限制电弧和弧焰外喷。这种结构的灭弧装置主要用于大电流断路器。

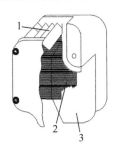

1—灭焰栅片；2—灭弧栅片；3—陶土夹板。

图 2-27　框架式低压断路器的灭弧罩

塑壳式断路器的工作电流较小，其灭弧装置由红钢纸板（即反白纸板）嵌上栅片所组成。

一般 DZ 型和 DW 型断路器采用去离子金属栅片式灭弧装置，因此要求灭弧室有足够的热容量、尽可能短的燃弧时间、尽可能小的飞弧距离、平整的室壁，以及良好的绝缘性能和机械强度。

（六）低压断路器的选用

（1）低压断路器的额定电压和额定电流应不小于线路的正常工作电压和负载的额定电流。

（2）热脱扣器的整定电流应等于所控制负载的额定电流。

（3）电磁脱扣器的整定电流应大于负载正常工作时可能出现的峰值电流。用于控制电动机的断路器，其瞬时脱扣整定电流 $I_Z$ 满足

$$I_Z \geqslant kI_{ST}$$

$k$ 为安全系数，取 $1.5 \sim 1.7$；$I_{ST}$ 为电动机启动电流。

### 三、低压断路器的检修

（1）低压断路器应定期进行检查，一般半年一次。在断开短路电流后，应及时对断路器进行检查。

（2）低压断路器的触点部分应保持清洁、接触良好，几个触点应同时接触，如果触点表面有麻点，可用细锉刀锉平，然后用砂纸抛光并吹净。

（3）如果发现脱扣器不准或改变其整定值时，应送试验部门校验。

● 做中学

### 一、任务要求

将一只 DZ5-20 型塑壳式低压断路器的外壳拆开，将主要部件的主要参数记录下来，并说明其主要作用。

## 二、所需设备、材料和工具

所需设备、材料和工具如表 2-10 所示。

表 2-10 所需设备、材料和工具

| 名称 | 规格 | 单位 | 数量 |
|---|---|---|---|
| 低压断路器 | DZ5-20 | 个 | 1 |
| 电工通用工具 | 螺丝刀、电工刀、尖嘴钳 | 套 | 1 |
| 万用表 | KJ9205 | 个 | 1 |

## 三、任务评价

任务评价如表 2-11 所示。

表 2-11 低压断路器的使用任务评价表

| 任务名称 | 低压断路器的使用 | 学生姓名 | | 学号 | | 组号 | | 班级 | | 日期 | |
|---|---|---|---|---|---|---|---|---|---|---|---|
| 项目内容 | | 评分标准 | | | | | | | | 得分 | |
| 熟悉电器 | | 1. 断路器的功能（10 分） | | | | | | | | | |
| | | 2. 低压断路器的工作原理（10 分） | | | | | | | | | |
| | | 3. 型号说明（10 分） | | | | | | | | | |
| 检测断路器 | | 1. 检测方法、结果正确（10 分） | | | | | | | | | |
| | | 2. 正确安装低压断路器（20 分） | | | | | | | | | |
| 接入电路 | | 将低压断路器接入电路（30 分） | | | | | | | | | |
| 文明生产、小组合作 | | 严格遵守安全规程、文明生产、规范操作；小组协作、共同完成（10 分） | | | | | | | | | |
| 总评 | | | | | | | | | | | |

## 四、思考与拓展

1. 填空题

（1）指出 DZ5-20/330 型号低压断路器中各符号、数字的含义，DZ 表示_____；5 表示_____；20 表示_____；3 表示_____；30 表示_____。

（2）断路器集_____和_____于一身，可用于_____和_____电路。当电路中发生_____和_____等故障时，断路器可自动切断电源达到保护的目的。

2. 连线题

电磁脱扣器　　　　　　过载保护

欠电压脱扣器　　　　　欠电压（失电压）保护

热脱扣器　　　　　　　短路保护

● 思政课堂

**"自我牺牲"的低压电器——熔断器**

通过本项目的学习，我们知道熔断器的"自我牺牲"原理是指当电路中的电流超过规定值一段时间后，熔断器通过自身产生的热量使熔体熔化，从而断开电路，保护其他设备不受损坏。

熔断器的"自我牺牲"精神不仅体现在其保护电路的功能上，同样也启示我们在面对困难和危险时，应勇于承担责任，保护他人和集体的利益。在我们的工作和生活中，这种精神同样适用，无论是面对工作中的挑战，还是社会生活中的各种考验，我们都应该发扬这种无私奉献的精神，为社会的和谐与进步贡献自己的力量。

# 项目二 常用低压控制电器

## ● 任务描述

在工业生产实践中，低压控制电器发挥着关键作用，其功能涵盖控制、保护、调节及指示，对生产线的稳定性和设备的安全性起到了至关重要的保障作用。在自动化控制系统、电气控制系统以及机电一体化系统中，低压控制电器的应用极为广泛。在自动化生产线中，低压控制电器负责调控自动输送、装配、包装等设备的运行；在电气设备的控制中，除了基本的启停功能外，低压控制电器还能够提供电流、电压、频率等多重保护；在机电一体化系统中，低压控制电器作为核心控制组件，确保了机械设备与电气设备的自动化控制得以实现。

低压控制电器的种类繁多，每一种都有其独特的功能和应用场景。接触器以其远距离频繁接通和断开电路的能力，成为工业控制中的"常客"，它能够在不直接接触的情况下，实现对电路的精确控制。继电器则像是一个灵敏的"信使"，它能够接收来自各种传感器的信号，并迅速作出反应，控制电路的开闭。断路器则扮演着"守护者"的角色，它在电路发生过载或短路时，能够迅速切断电源，防止事故的发生，保护整个电路系统不受损害。启动器则专注于电动机的启动和停止控制，它确保了电动机能够平稳地启动和停止，避免了启动时的电流冲击和停止时的机械损伤。这些电器的合理选择和正确使用，对于确保工业生产的安全、高效运行至关重要。

随着工业自动化和信息化技术的不断进步，低压控制电器也在不断地发展和创新。它们正朝着智能化、模块化、网络化的方向迈进，以适应现代工业自动化和信息化的需求。智能化使得低压控制电器能够进行自我诊断和优化控制，模块化设计提高了系统的灵活性和可扩展性，而网络化则让设备之间的通信变得更加便捷和高效。这些技术的进步，不仅提升了工业生产的自动化水平，也为工业控制电器的未来发展开辟了新的可能性。

### 任务一 刀开关、组合开关的使用

#### 一、学习目标

（1）掌握刀开关、组合开关的用途、型号。
（2）了解刀开关、组合开关的结构及工作原理。
（3）能够根据需要正确选择刀开关、组合开关。
（4）能够正确安装使用刀开关、组合开关，并能够检测判断刀开关、组合开关的好坏。

## 二、学习内容

低压开关一般为非自动切换电器，常用的有刀开关、组合开关等，如图 2-28 所示。

(a) 刀开关　　　　　　(b) 组合开关

图 2-28　几种常见的低压开关

### （一）刀开关

1. 刀开关的用途、种类

（1）刀开关又称闸刀开关，是一种结构简单、价格低廉的手动电器，主要用于接通和切断长期工作设备的电源及不经常启动和制动、功率小于 7 kW 的异步电动机。在电力拖动控制线路中最常用的是由刀开关和熔断器组合而成的负荷开关。现在大部分的应用场合，刀开关已被自动开关所取代。

（2）根据极数的不同，刀开关可分为单极开关、双极开关和三极开关。按结构特点，刀开关可分为开启式负荷开关（胶盖瓷底刀开关）和封闭式负荷开关（铁壳开关）。

2. 刀开关的型号含义

（1）开启式负荷开关，常用的是 HK 系列。

型号含义：

（2）封闭式负荷开关，常用的是 HH3、HH4 系列。

型号含义：

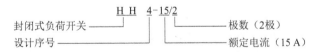

3. 刀开关主要结构及符号

（1）开启式负荷开关主要由瓷质手柄、动触点、出线座、瓷底座、静触点、进线座、胶盖紧固螺钉及胶盖等部分组成，其结构及符号如图 2-29 所示。图中 QS 为文字符号。

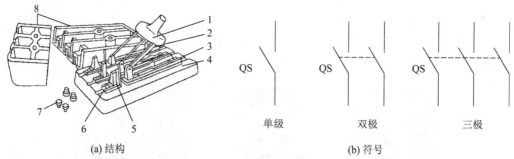

(a) 结构                                                         (b) 符号

图(a)中：1—瓷质手柄；2—动触点；3—出线座；4—瓷底座；5—静触点；6—进线座；7—胶盖紧固螺钉；8—胶盖。

**图 2-29　HK 系列开启式负荷开关**

（2）封闭式负荷开关主要由 U 形动触刀、静夹座、瓷插式熔断器、进线孔、出线孔、速断弹簧、转轴、操作手柄、开关盖及开关盖锁紧螺栓等部分组成，如图 2-30 所示。

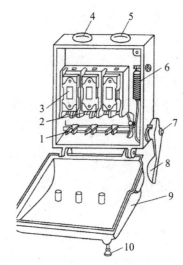

1—U 形动触刀；2—静夹座；3—瓷插式熔断器；4—进线孔；5—出线孔；
6—速断弹簧；7—转轴；8—操作手柄；9—开关盖；10—开关盖锁紧螺栓。

**图 2-30　HH 系列封闭式负荷开关**

4. 刀开关的选用

（1）用于 380 V 动力线路，应选耐压为 500 V、额定电流为负载电流 3 倍的刀开关。

（2）用于 220 V 照明线路，应选耐压为 250 V、额定电流略大于负载电流的刀开关。

5. 使用刀开关时的注意事项

（1）开启式负荷开关只能直接控制功率在 5.5 kW 以下的电动机。

（2）没有胶盖的开启式负荷刀开关不能使用。

（3）开启式负荷开关必须垂直安装，且合闸状态时手柄应朝上，不允许倒装或平装，进线和出线不能接反。

(4) 封闭式负荷开关外壳的接地螺钉应可靠接地。
(5) 封闭式负荷开关接线时,电源线应接在刀座上,熔断器接在负荷侧。
(6) 安装刀开关时,开关距地面的高度为 1.3~1.5 m。
(7) 刀开关在接、拆线时,应首先断电。

6. 刀开关常见故障及处理方法

刀开关常见故障及处理方法见表 2-12、表 2-13。

表 2-12 开启式负荷开关常见故障及处理方法

| 故障现象 | 可能的原因 | 处理方法 |
| --- | --- | --- |
| 合闸后,开关一相或两相开路 | (1) 静触点弹性消失,开口过大,造成动、静触点接触不良<br>(2) 熔体熔断或虚联<br>(3) 动、静触点氧化或有尘污<br>(4) 开关进线或出线线头接触不良 | (1) 修整或更换静触点<br>(2) 更换熔体或紧固<br>(3) 清洁触点<br>(4) 重新连接 |
| 合闸后,熔体熔断 | (1) 外接负载短路<br>(2) 熔体规格偏小 | (1) 排除负载短路故障<br>(2) 按要求更换熔体 |
| 触点烧坏 | (1) 开关容量太小<br>(2) 拉、合闸动作过慢,造成电弧过大,烧坏触点 | (1) 更换开关<br>(2) 修整或更换触点,并改善操作方法 |

表 2-13 封闭式负荷开关常见故障及处理方法

| 故障现象 | 可能的原因 | 处理方法 |
| --- | --- | --- |
| 操作手柄带电 | (1) 外壳未接地或接地线松脱<br>(2) 电源进、出线绝缘损坏导致碰壳 | (1) 检查后加固接地导线<br>(2) 更换导线或恢复绝缘 |
| 夹座（静触点）过热或烧坏 | (1) 夹座表面烧毛<br>(2) 闸刀与夹座压力不足<br>(3) 负载过大 | (1) 用细锉修整夹座<br>(2) 调整夹座压力<br>(3) 减轻负载或更换大容量开关 |

（二）组合开关

组合开关也称转换开关,适用于交流 50 Hz、电压 380 V 以下或直流 220 V 以下的电气设备,用于接通或分断电路,控制小型电动机的启动、正反转和停止,也用作设备的电源引入开关。它体积小,触点对数多,接线方式灵活,操作方便。

1. 组合开关的型号、结构

(1) HZ10 系列型号组合开关。

型号含义：

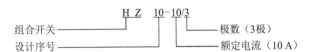

HZ10-10/3 组合开关的外形、结构和符号：HZ10-10/3 组合开关主要由手柄、转轴、弹簧、凸轮、绝缘垫板、动触点、静触点、接线柱、绝缘杆等组成,其外形、结构和符号如图 2-31 所示。

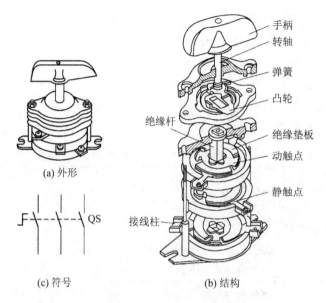

图 2-31 HZ10-10/3 型组合开关

（2）HZ3-132 系列型号组合开关。

HZ3-132 系列型号组合开关俗称"倒顺开关"，专为控制小容量三相异步电动机的正反转而设计生产。其主要由静触点、调节螺钉、触点压力弹簧、转轴、动触点等组成。

型号含义：

HZ3-132 系列型号组合开关的动作原理：

① HZ3-132 系列型号组合开关的手柄有"倒""停""顺"三个位置，由转动手柄控制。

② 手柄位于"停"位置时，各相动、静触点处于分断状态。

③ 手柄位于"顺"位置时，动触点Ⅰ1、Ⅰ2、Ⅰ3 与静触点接通，即 L1、L2、L3 端分别与 U、V、W 接通，实现电动机正向控制。

④ 手柄位于"倒"位置时，动触点Ⅱ1、Ⅱ2、Ⅱ3 与静触点接通，L1、L2、L3 端分别与 V、U、W 接通，实现电动机反向控制。

2. 组合开关的选用

组合开关应根据电源种类、电压等级、所需触点数、接线方式和负载容量进行选用。用于直接控制异步电动机的启动和正、反转时，开关的额定电流一般取电动机额定电流的 1.5~2.5 倍。

3. 组合开关常见故障及处理方法

组合开关常见故障及处理方法见表 2-14。

表 2-14 组合开关常见故障及处理方法

| 故障现象 | 可能的原因 | 处理方法 |
| --- | --- | --- |
| 手柄转动后，内部触点未动 | （1）手柄上的轴孔磨损变形<br>（2）绝缘杆变形（由方形磨为圆形）<br>（3）手柄与方轴或轴与绝缘杆配合松动<br>（4）操作机构损坏 | （1）调换手柄<br>（2）更换绝缘杆<br>（3）紧固松动部件<br>（4）修理更换 |
| 手柄转动后，动、静触点不能按要求产生动作 | （1）组合开关型号选用不正确<br>（2）触点角度装配不正确<br>（3）触点失去弹性或接触不良 | （1）更换开关<br>（2）重新装配<br>（3）更换触点、清除氧化层或尘污 |
| 接线柱间短路 | 因铁屑或油污附着在接线柱间，形成导电层，将胶木烧焦，绝缘损坏而形成短路 | 更换开关 |

4. 组合开关使用注意事项

（1）组合开关的通断能力较低，不能用来分断故障电流；用于控制异步电动机的正、反转时，必须在电动机完全停止转动后才能反向启动，且每小时的接通次数不能超过 20 次。

（2）HZ3-132 系列型号组合开关接线时，应将开关两侧进、出线中的一相互换，并看清开关接线端标记，切忌接错，以免造成两相间短路。

● 做中学

一、任务要求

（1）封闭式负荷开关的基本结构观察与测量。

（2）将封闭式负荷开关的手柄扳到合闸位置，用万用表的电阻挡测量各对触点的接触情况，再用兆欧表测量每两相触点之间的绝缘电阻。打开开关盖，仔细观察其结构，写出主要部件的名称和作用。

二、所需设备、材料和工具

所需设备、材料和工具如表 2-15 所示。

表 2-15 所需设备、材料和工具

| 名称 | 规格 | 单位 | 数量 |
| --- | --- | --- | --- |
| 封闭式负荷开关 | HH4-15/3Z | 只 | 1 |
| 开启式负荷开关 | HK1-30 | 只 | 1 |
| 万用表 | MF47 型 | 个 | 1 |
| 兆欧表 | 5050 型 | 个 | 1 |

## 三、任务评价

任务评价如表 2-16 所示。

表 2-16 刀开关的使用任务评价表

| 任务名称 | 刀开关的使用 | 学生姓名 | | 学号 | | 组号 | | 班级 | | 日期 | |
|---|---|---|---|---|---|---|---|---|---|---|---|
| 项目内容 | | 评分标准 | | | | | | | | 得分 | |
| 熟悉电器 | | 熟悉各式刀开关结构及工作过程（30 分） | | | | | | | | | |
| 检测好坏 | | 会正确检测各式刀开关的好坏（30 分） | | | | | | | | | |
| 接入电路 | | 将各式刀开关接入电路（30 分） | | | | | | | | | |
| 文明生产、小组合作 | | 严格遵守安全规程、文明生产、规范操作；小组协作、共同完成（10 分） | | | | | | | | | |
| 总评 | | | | | | | | | | | |

## 四、思考与拓展

1. 填空题

（1）刀开关按极数可分为_____、_____和_____。

（2）刀开关的型号 HK 表示_____，HH 表示_____。

（3）封闭式负荷开关的外壳应可靠_____。

（4）开启式负荷开关一般用于_____。

（5）HZ3-132 系列型号组合开关有_____、_____、_____三个位置。

（6）组合开关用于_____或_____电路，控制小型三相异步电动机的_____、_____和停止，也可用作设备的_____引入开关。

（7）代号 HZ 表示_____。

2. 判断题

（1）刀开关由于装有熔断器，在电路中起短路保护作用。　　　　（　　）

（2）刀开关一般并联在控制电路中作电源开关。　　　　　　　　（　　）

（3）开启式负荷开关在闭合状态时，手柄应朝下。　　　　　　　（　　）

3. 问答题

（1）刀开关有何用途？

（2）型号 HK1-30/3 和 HH4-1512 的含义是什么？

（3）如何选用组合开关？

（4）画出 HZ3-132 系列型号组合开关的图形符号。

## 任务二　交流接触器的使用

### 一、学习目标
（1）掌握交流接触器的用途、型号。
（2）了解交流接触器的结构及工作原理。
（3）能够根据需要正确选择接触器。
（4）能够正确安装使用交流接触器，并能够检测交流接触器的好坏。

### 二、学习内容
（一）交流接触器的用途

交流接触器是一种自动的电磁式开关，它通过在电磁力作用下吸合和反向弹力作用下释放，使触点闭合和分断，控制交流电路接通和断开。它还能远距离操作和自动控制，且具有失电压和欠电压的释放功能，可适应频繁地启动及控制电动机及其他电气负载。

（二）交流接触器的型号及含义

1. 交流接触器的常见型号

交流接触器的常见型号如图 2-32 所示。

(a) NC8　　　　(b) CJT1　　　　(c) CJX2

图 2-32　几种常见的交流接触器

2. 交流接触器的型号含义

型号含义：

（三）交流接触器的结构

1. 交流接触器的结构原理图

交流接触器的结构如图 2-33 所示，结构原理如图 2-34 所示。

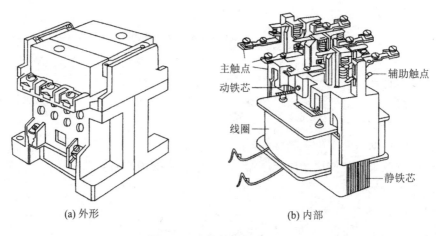

(a) 外形　　　　　　　　　(b) 内部

图 2-33　交流接触器的结构

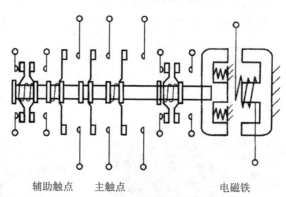

辅助触点　　主触点　　　　电磁铁

图 2-34　交流接触器的结构原理图

2. 交流接触器的组成系统

（1）电磁系统：由线圈、静铁芯（铁芯）、动铁芯（衔铁）和短路环组成，如图 2-35 所示。

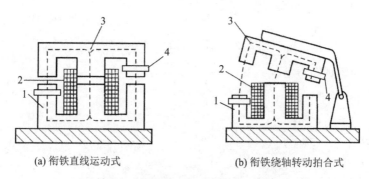

(a) 衔铁直线运动式　　　　　(b) 衔铁绕轴转动拍合式

1—铁芯；2—线圈；3—衔铁；4—短路环。

图 2-35　交流接触器电磁系统结构图

（2）触点系统：由三对主触点用来接通和分断主电路；两对动合辅助触点和两对动断辅助触点用来接通和分断控制回路，如图 2-36 所示。

（3）灭弧系统：由灭弧罩、灭弧栅片组成，其作用是熄灭主触点在切断具有较大感性负载电路时产生在触点之间的强烈电弧，以保护触点不被电弧烧蚀。图 2-37 所示为栅片灭弧装置。

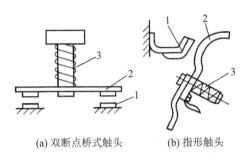
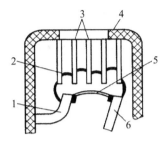

(a) 双断点桥式触头　　(b) 指形触头
1—静触点；2—动触点；3—触点压力弹簧。

图 2-36　触点系统结构形式

1—静触点；2—短电弧；3—灭弧栅片；
4—灭弧罩；5—电弧；6—动触点。

图 2-37　栅片灭弧装置结构形式

（四）交流接触器的动作原理

交流接触器是利用电磁吸力工作的。

（1）在未接电源时，三对主触点和两对动合辅助触点的动、静触点处于分断状态，两对动断辅助触点的动、静触点处于闭合状态。

（2）交流接触器的三对主触点串联在主电路中，两对动合辅助触点和两对动断辅助触点串联在控制电路中。动合辅助触点闭合时，动断辅助触点分断。

（3）交流接触器的动作原理如图 2-38 所示。

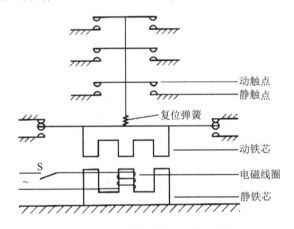

图 2-38　交流接触器的动作原理图

线圈接通电源→线圈建立磁场→铁芯磁化→吸合动铁芯（衔铁）→带动连杆运动→动触点与静触点闭合（主触点）→接通主电路。

断开电源→线圈磁场消失→衔铁释放→连杆复位→动、静触点断开→断开主回路。

（五）交流接触器的选择

（1）按所控制的电动机或负载电流选择接触器的型号规格。

（2）接触器触点的额定电压应大于或等于所控制电路的工作电压；主触点的额定电流应大于或等于电动机或负载的额定电流。

（3）接触器线圈的工作电压应与所控制电路电压一致。

（4）辅助触点的额定电流、触点数量和种类应满足控制电路的需要。

（六）交流接触器的技术数据

CJ0 和 CJ10 系列交流接触器的技术数据见表 2-17。

表 2-17　CJ0 和 CJ10 系列交流接触器的技术数据

| 型号 | 主触点 | | | 辅助触点 | | | 线圈 | | 可控制三相异步电动机的最大功率/kW | | 额定操作频率/（次/h） |
|---|---|---|---|---|---|---|---|---|---|---|---|
| | 对数 | 额定电流/A | 额定电压/V | 对数 | 额定电流/A | 额定电压/V | 电压/V | 功率/（V·A） | 220 V | 380 V | |
| CJ0-10 | 3 | 10 | 380 | 均为2常开、2常合 | 5 | 380 | 可为36、110（127）、220、380 | 14 | 2.5 | 4 | ≤1 200 |
| CJ0-20 | 3 | 20 | | | | | | 33 | 5.5 | 10 | |
| CJ0-40 | 3 | 40 | | | | | | 33 | 11 | 20 | |
| CJ0-75 | 3 | 75 | | | | | | 55 | 22 | 40 | — |
| CJ10-10 | 3 | 10 | | | | | | 11 | 2.2 | 4 | — |
| CJ10-20 | 3 | 20 | | | | | | 22 | 5.5 | 10 | ≤600 |
| CJ10-40 | 3 | 40 | | | | | | 32 | 11 | 20 | |
| CJ10-60 | 3 | 60 | | | | | | 70 | 17 | 30 | |

（七）交流接触器的符号

交流接触器的符号如图 2-39 所示。

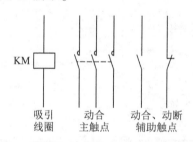

图 2-39　交流接触器的符号

● 做中学

一、任务要求

（1）观察交流接触器的外形、结构特点和型号。

（2）用万用表电阻挡检查线圈和各触点。

二、所需设备、材料和工具

所需设备、材料和工具如表 2-18 所示。

表 2-18 所需设备、材料和工具

| 名称 | 规格 | 单位 | 数量 |
|---|---|---|---|
| 交流接触器 | CJ10-20 | 个 | 1 |
| 电工通用工具 | 十字螺丝刀、电工刀、尖嘴钳 | 套 | 1 |
| 万用表 | KJ9205 | 个 | 1 |

## 三、任务评价

任务评价如表 2-19 所示。

表 2-19 交流接触器的使用任务评价表

| 任务名称 | 交流接触器的使用 | 学生姓名 | | 学号 | | 组号 | | 班级 | | 日期 | |
|---|---|---|---|---|---|---|---|---|---|---|---|
| 项目内容 | 评分标准 |||||||||| 得分 |
| 熟悉电器 | 熟悉交流接触器的结构及工作过程（30 分） |||||||||| |
| 检测好坏 | 会正确检测交流接触器的好坏（30 分） |||||||||| |
| 接入电路 | 将交流接触器接入电路（30 分） |||||||||| |
| 文明生产、小组合作 | 严格遵守安全规程、文明生产、规范操作；小组协作、共同完成（10 分） |||||||||| |
| 总评 | |||||||||| |

## 四、思考与拓展

1. 填空题

（1）交流接触器是一种自动的_____式开关。

（2）CJ10-20 中，C 表示_____，J 表示_____，10 表示_____。

（3）CJ10-20 交流接触器有_____对主触点和_____对辅助触点。

（4）交流接触器铁芯上的短路环的作用是_____。

2. 判断题

（1）动断触点是指未接通电源时触点处于闭合状态。　　　　　　（　　）

（2）交流接触器电磁系统的功能是用来产生电磁吸力。　　　　　（　　）

## 五、知识拓展

交流接触器常见故障分析如表 2-20 所示。

表 2-20 交流接触器常见故障分析

| 序号 | 故障现象 | 故障原因及维修办法 |
|---|---|---|
| 故障一 | 接通电源后铁芯不吸合或不能全吸合 | （1）操作回路电源电压过低：恢复电源电压正常值<br>（2）操作回路发生断路或接触电阻过大：更换线路、清理接线触点及接触电阻<br>（3）控制触点接触不良：清理控制触点<br>（4）机械可动部分被卡住、转轴生锈或零件变形歪斜等：更换元件或修复受损零件，排除卡住因素 |

续表

| 序号 | 故障现象 | 故障原因及维修办法 |
|---|---|---|
| 故障二 | 断开电源后铁芯不释放 | (1) 触点熔焊：更换触点<br>(2) 机械可动部分被卡住、生锈或歪斜：修复受损部件<br>(3) 弹簧损坏：更换弹簧<br>(4) 铁芯极面有油污或尘埃：清理铁芯极面<br>(5) 铁芯因去磁气隙消失、剩磁增大：更换铁芯或增加气隙 |
| 故障三 | 电磁铁噪声大，振动明显 | (1) 电源电压过低：恢复电源电压正常值<br>(2) 铁芯歪斜、损坏：修正或更换铁芯<br>(3) 铁芯极面生锈或有异物：除去铁锈和异物<br>(4) 短路环断裂：修复短路环<br>(5) 铁芯极面磨损严重：更换铁芯 |
| 故障四 | 线圈过热或烧坏 | (1) 电源电压过高或过低：恢复电压到正常值<br>(2) 在修理或更换线圈后，线圈技术数据与实际使用条件不符：正确选用线圈和接触器 |
| 故障五 | 触点过热、烧蚀、熔焊 | (1) 操作频率过高或负载使用超过要求：合理操作、减小负载达到规定要求<br>(2) 负载侧线间短路或接地短路：排除短路故障<br>(3) 触点使用时间过长、超过设计寿命或负载故障、启动电流过大：更换触点或接触器，减小启动电流<br>(4) 触点弹簧压力小：更换弹簧<br>(5) 触点上有油污或表面高低不平：清理或修复触点表面<br>(6) 环境条件改变，使线路负载增大：排除故障原因 |
| 故障六 | 相间短路 | (1) 尘埃堆积导致水汽损坏骨架绝缘：清理尘埃，保持清洁<br>(2) 触点产生较大电弧或金属粉末飞溅损坏绝缘：选择合适的灭弧系统和触点材料 |

## 任务二　时间继电器的使用

### 一、学习目标
(1) 了解时间继电器的结构和工作原理。
(2) 掌握时间继电器的正确使用方法和维护保养知识。

### 二、学习内容

**（一）时间继电器的用途**

时间继电器是一种按照时间原则工作的继电器，即按照预定时间接通或分断电路。时间继电器的延时类型有通电延时型和断电延时型两种；按结构分为空气阻尼式、电动式、电子式（晶体管式、数字式）等类型，如图2-40所示。

(a) 空气阻尼式　　　　(b) 电动式　　　　(c) 电子式

图 2-40　时间继电器外形

(二) 时间继电器的型号含义

型号含义：

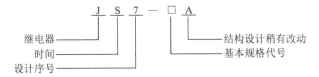

(三) 空气阻尼式时间继电器（气囊式时间继电器）

1. 特点

空气阻尼式时间继电器的结构简单，延时范围较广，为 0.45~180 s，可用于交流电路，更换线圈后也可用于直流电路，既可做成通电延时，也可做成断电延时，还附有瞬时动作的触点。其虽延时精度不高，但仍被广泛应用。

2. 结构

空气阻尼式时间继电器由电磁系统、工作触点、气室、传动机构等组成。JS7-4A 型时间继电器的外形与结构如图 2-41 所示。

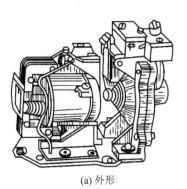 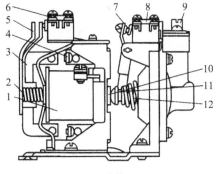

(a) 外形　　　　　　　　(b) 结构

图 (b) 中：1—线圈；2—反力弹簧；3—衔铁；4—铁芯；5—弹簧片；6—瞬时触点；7—杠杆；8—延时触点；9—调节螺钉；10—推杆；11—活塞杆；12—宝塔形弹簧。

图 2-41　JS7-4A 型时间继电器的外形与结构

（1）电磁系统：由线圈 1、衔铁 3、铁芯 4、反力弹簧 2 及弹簧片 5 等组成。

（2）工作触点：由两对瞬时触点 6、两对延时触点 8 组成。

（3）气室：内有一块橡皮膜，随空气量的增减而移动。气室上的调节螺钉 9 可调节延时的长短。

（4）传动机构：由推杆 10、杠杆 7、活塞杆 11 及宝塔形弹簧 12 组成。

3. 动作原理

JS7-4A 型时间继电器的结构如图 2-42 所示。

JS7-4A 型时间继电器是利用空气，通过小孔节流原理来获得延时动作的。根据触点的延时特点，其可分为通电延时型和断电延时型两种。

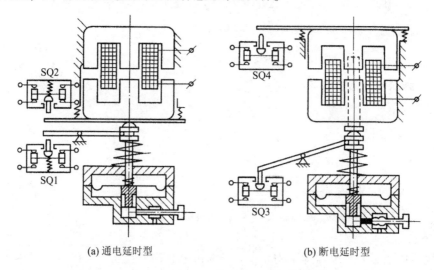

图 2-42　JS7-4A 型时间继电器的结构图

（四）时间继电器的选用

1. 延时方式的选用

根据控制回路的需要选择通电延时型或断电延时型，瞬时动作触点的数目也要满足要求。

2. 类型的选用

对延时精度要求不高的场合，可选用空气阻尼式；对延时精度要求较高的场合，一般可选用晶体管式。

3. 工作电压的选用

根据控制线路电压选择吸引线圈或工作电源的电压。

（五）时间继电器的符号

各种时间继电器的符号如图 2-43 所示。时间继电器的文字符号为 KF。

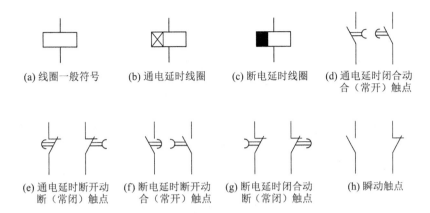

图 2-43 时间继电器的符号

## 做中学

### 一、任务要求
（1）观察时间继电器的外形、结构特点和型号。
（2）用万用表电阻挡检查线圈和各触点。

### 二、所需设备、材料和工具
所需设备、材料和工具如表 2-21 所示。

表 2-21 所需设备、材料和工具

| 名称 | 规格 | 单位 | 数量 |
| --- | --- | --- | --- |
| 时间继电器 | JS7-4A 型 | 只 | 1 |
| 电工通用工具 | — | 套 | 1 |
| 万用表 | KJ9205 | 个 | 1 |

### 三、任务评价
任务评价如表 2-22 所示。

表 2-22 时间继电器的使用任务评价表

| 任务名称 | 时间继电器的使用 | 学生姓名 | 学号 | 组号 | 班级 | 日期 |
| --- | --- | --- | --- | --- | --- | --- |
| 项目内容 | 评分标准 ||||| 得分 |
| 熟悉电器 | 熟悉时间继电器的结构及工作过程（30 分） ||||||
| 检测好坏 | 会正确检测时间继电器的好坏（30 分） ||||||
| 接入电路 | 将时间继电器正确接入电路（30 分） ||||||
| 文明生产、小组合作 | 严格遵守安全规程、文明生产、规范操作；小组协作、共同完成（10 分） ||||||
| 总评 | ||||||

### 四、思考与拓展

1. 填空题

（1）时间继电器是一种按照_____原则工作的继电器，按照_____接通或分断电路。时间继电器的延时类型有_____延时型和_____延时型两种类型。

（2）空气阻尼式时间继电器通过调节_____来实现对运动速度和稳定性的控制。

（3）时间继电器常用的种类主要有_____式、_____式及_____式等。

（4）空气阻尼式时间继电器是利用空气通过_____原理来获得延时动作的。

（5）JS7-4A 型时间继电器根据延时特点，可分为_____延时型与_____延时型两种。

2. 判断题

（1）空气阻尼式时间继电器延时精度高。（    ）

（2）JS7-4A 型时间继电器中 4A 是指额定电流。（    ）

（3）时间继电器可作为实现按时间原则控制的元件。（    ）

3. 问答题

什么是时间继电器？它有哪些用途？

### 五、知识拓展

继电器是根据某种输入信号来接通或断开小电流控制电路，以实现远距离控制和保护的自动控制电器。其输入量可以是电流、电压等电量，也可以是温度、时间、速度、压力等非电量；而输出量则是触点的动作或者是电路参数的变化。继电器一般由输入感测机构和输出执行机构两部分组成。前者用于反映输入量的变化，后者完成触点分合动作（对有触点继电器）或半导体元件的通断（对无触点继电器）。

继电器的种类很多，按输入信号的性质分为电压继电器、电流继电器、时间继电器、温度继电器、速度继电器、压力继电器等；按工作原理分为电磁式继电器、感应式继电器、电动式继电器、热继电器和电子式继电器等；按输出形式分为有触点和无触点两类；按用途分为控制用和保护用继电器等。下面介绍几种常用的继电器。

1. 电磁式继电器

电磁式继电器结构简单、价格低廉、使用和维护方便，被广泛应用于控制系统中。电磁式继电器的结构和工作原理与电磁式接触器相似，也是由电磁机构和触点系统组成。

二者主要区别在于：继电器可对多种输入量的变化作出反应，而接触器只有在一定的电压信号作用下产生动作；继电器用于切换小电流的控制电路和保护电路，而接触器用来控制大电流电路；继电器没有灭弧装置，也无主、辅触点之分等。

2. 电压继电器

触点的动作与线圈的电压大小有关的继电器称作电压继电器。它用于电力拖动系统的电压保护和控制。使用时电压继电器的线圈与负载并联。其线圈的匝数多而线径细。电压继电器按线圈电流的种类，可分为交流和直流电压继电器；按吸合电压大小，分为过电压和欠电压继电器。

对于过电压继电器，当线圈为额定电压时，衔铁不产生吸合动作；只有当线圈电压高于其额定电压的某一值时衔铁才产生吸合动作，所以称作过电压继电器。因为直流电路不会产生波动较大的过电压现象，所以没有直流过电压继电器产品。交流过电压继电器在电路中起电压保护作用。

电压继电器，当线圈的承受电压低于其额定电压时，衔铁就产生释放动作。它的特点是释放电压很低，在电路中用作低电压保护。

电压继电器的图形和文字符号如图2-44（a）所示。

选用电压继电器时，首先要注意线圈电压的种类和电压等级应与控制电路一致。其次，根据在控制电路中的作用（是过电压还是欠电压）选择电压继电器的类型。最后，要按控制电路的要求选触点的类型（是常开还是常闭）和数量。

3. 电流继电器

触点的动作与线圈电流大小有关的继电器称作电流继电器。使用时电流继电器的线圈与负载串联，其线圈的匝数少而线径粗。电流继电器按线圈电流的种类，分为交流和直流电流继电器；按吸合电流大小，分为过电流继电器和欠电流继电器。

对于过电流继电器，正常工作时，线圈中流有负载电流，但不产生吸合动作。当出现比负载工作电流大的吸合电流时，衔铁才产生吸合动作，从而带动触点动作。在电力拖动系统中，冲击性的过电流故障时有发生，常采用过电流继电器作为电路的过电流保护装置。

对于欠电流继电器，正常工作时，由于电路的负载电流大于吸合电流，衔铁处于吸合状态；当电路的负载电流降低至释放电流时，则衔铁释放。在直流电路中，由某种原因而引起的负载电流降低或消失往往导致严重的后果（如直流电动机的励磁回路断线），因此有直流欠电流继电器产品，而没有交流欠电流继电器产品。

电流继电器的图形和文字符号如图2-44（b）所示。

选用电流继电器时，首先要注意线圈电压的种类和等级应与负载电路一致。其次，根据对负载的保护作用（是过电流还是欠电流）来选用电流继电器的类型。最后，要根据控制电路的要求选触点的类型（是常开还是常闭）和数量。

4. 中间继电器

在控制电路中起信号传递、放大、切换和逻辑控制等作用的继电器称作中间继电器。它属于电压继电器的一种，主要用于扩展触点数量，实现逻辑控制。中间继电器也有交、直流之分，可分别用于交流控制电路和直流控制电路。中间继电器的图形和文字符号如图2-44（c）所示。

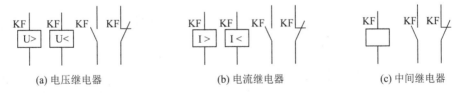

(a) 电压继电器　　　　　(b) 电流继电器　　　　　(c) 中间继电器

图 2-44　电压、电流和中间继电器的图形和文字符号

中间继电器的主要技术参数有额定电压、额定电流、触点对数以及线圈电压种类和

规格等。选用时要注意线圈的电压种类和电压等级应与控制电路一致。另外，要根据控制电路的需求来确定触点的形式和数量。当一个中间继电器的触点数量不够用时，也可以将两个中间继电器并联使用，以增加触点的数量。

新型中间继电器触点在闭合过程中，其动、静触点间有一段滑擦、滚压过程。该过程可以自动地清除触点表面的各种生成膜及尘埃，减小了接触电阻，提高了接触的可靠性。有的还安装防尘罩或采用密封结构，进一步提高可靠性。有些中间继电器安装在插座上，插座有多种型号可供选择；有些中间继电器可直接安装在导轨上，安装和拆卸均很方便。

5. 速度继电器

按速度原则产生动作的继电器，称作速度继电器。它主要应用于三相笼型异步电动机的反接制动控制，因此又称作反接制动控制器。

感应式速度继电器主要由定子、转子和触点三部分组成。转子是一个圆柱形永久磁铁，定子是一个笼型空心圆环，由硅钢片叠制而成，并装有笼型绕组。

图 2-45 为感应式速度继电器的原理示意图。其转子的轴与被控电动机的轴相连接，当电动机转动时，速度继电器的转子随之转动，到达一定转速时，定子在感应电流和力矩的作用下跟随转动；到达一定角度时，装在定子轴上的摆锤推动簧片（动触点）产生动作，使常闭触点打开，常开触点闭合；当电动机转速低于某一数值时，定子产生的转矩减小，触点在簧片作用下返回到原来位置，使对应的触点恢复到原来状态。

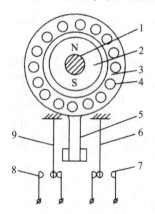

1—转轴；2—转子；3—定子；4—绕组；5—摆锤；6、9—簧片；7、8—静触点。

图 2-45　感应式速度继电器的原理示意图

一般感应式速度继电器转轴在 120 r/min 左右时触点产生动作，在 100 r/min 以下时触点复位。

速度继电器的图形和文字符号如图 2-46 所示。

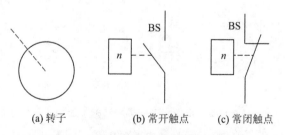

图 2-46　速度继电器的图形和文字符号

## 6. 温度继电器

当电动机发生过电流时，其绕组温升过高，前已述及，热继电器可以起到保护作用。

但当电网电压升高不正常时，即使电动机不过载，铁损也会增加而使铁芯发热，这样也会使绕组温升过高；电动机环境温度过高以及通风不良等，也同样会使绕组温升过高。在这些情况下，若用热继电器则不能正常反映电动机的故障状态。为此，需要一种利用发热元件间接反映绕组温度并根据绕组温度进行动作的继电器，这种继电器称作温度继电器。

温度继电器大体有两种类型：一种是双金属片式温度继电器；另一种是热敏电阻式温度继电器。以下介绍双金属片式温度继电器。

双金属片式温度继电器外形及结构组成如图 2-47 所示。在结构上它是封闭式的，其内部有盘式双金属片。双金属片受热后产生线膨胀，由于两层金属的线膨胀系数不同，两层金属又紧密地贴合在一起，因此双金属片向被动层一侧弯曲，由双金属片弯曲产生的机械力带动触点产生动作。

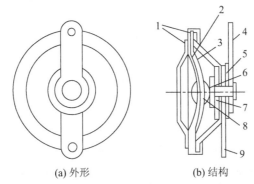

图 (b) 中：1—外壳；2—双金属片；3—导电片；4，9—连接片；5，7—绝缘垫片；6—静触点；8—动触点。

**图 2-47 双金属片式温度继电器**

在图 2-47 (b) 中，温度继电器的双金属片 2 左面为主动层，右面为被动层。动触点 8 铆在双金属片上，且经由导电片 3、外壳 1 与连接片 9 相连，静触点 6 与连接片 4 相连。当电动机发热部位温度升高时，产生的热量通过外壳 1 传导给其内部的双金属片；当达到一定温度时，双金属片开始变形，双金属片及动触点向被动层侧瞬动地跳开，从而控制接触器使电动机断电以达到过热保护的目的。当故障排除后，发热部位温度降低，双金属片也反向弹回而使触点重新复位。双金属片式温度继电器的动作温度是以电动机绕组绝缘等级为基础来划分的，它共有 50 ℃、60 ℃、70 ℃、80 ℃、95 ℃、105 ℃、115 ℃、125 ℃、135 ℃、145 ℃ 和 165 ℃ 11 个规格。温度继电器的返回温度因动作温度而异，一般比动作温度低 5~40 ℃。

双金属片式温度继电器用于电动机保护时，是将其埋设在电动机发热部位，如电动机定子槽内、绕组端部等，可直接反映该处发热情况。无论是电动机本身出现过载电流引起温度升高，还是其他原因引起电动机温度升高，温度继电器都可引起保护作用。不难看出，温度继电器具有"全热保护"作用。此外，双金属片式温度继电器因价格便宜，常用于热水器外壁、电热锅炉炉壁的过热保护。

双金属片式温度继电器的缺点是加工工艺复杂，且双金属片容易老化。另外，由于其体积偏大而多置于绕组的端部，故很难直接反映温度上升的情况，以致发生动作滞后的现象。同时，双金属片式温度继电器也不宜用于保护高压电动机，因为过强的绝缘层会加剧动作的滞后现象。

温度继电器（双金属片式）的触点在电路图中的图形和文字符号如图 2-48（a）所示。一般的温度控制开关图形和文字符号如图 2-48（b）所示，图中表示当温度低于设定值时产生动作，把"<"改为">"后，温度开关就表示当温度高于设定值时产生动作。

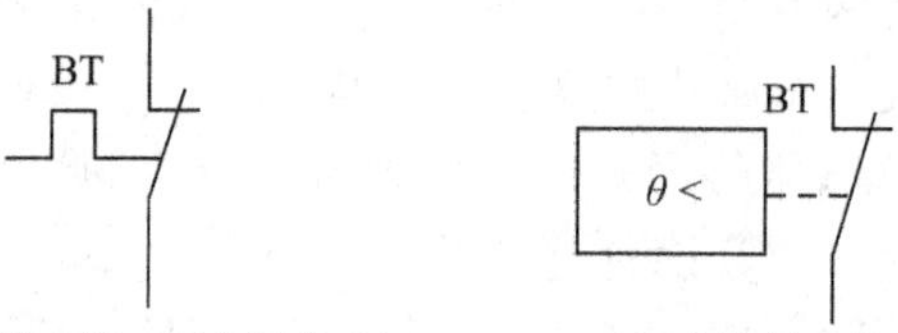

(a) 温度继电器（双金属片式）　　(b) 温度控制开关

**图 2-48　温度继电器（双金属片型）触点和温度控制开关的图形和文字符号**

#### 7. 液位继电器

某些锅炉和水柜需要根据液位的高低变化来控制水泵电动机的启停，这一控制可由液位继电器来完成。

图 2-49（a）为液位继电器的结构示意图。浮筒置于被控锅炉或水柜内，浮筒的一端有一根磁钢，锅炉外壁装有一对触点，动触点的一端也有一根磁钢，与浮筒一端的磁钢相对应。当锅炉或水柜内的水位降低到极限值时，浮筒下落使磁钢端绕支点 A 上翘。由于磁钢同性相斥的作用，动触点的磁钢端被斥下落，通过支点 B 使触点 1-1 接通，2-2 断开；反之，水位升高到上限位置时，浮筒上浮使触点 2-2 接通，1-1 断开。显然，液位继电器的安装位置决定了被控的液位。液位继电器价格低廉，主要用于精确度要求不高的液位控制场合。液位继电器触点的图形和文字符号如图 2-49（b）所示。

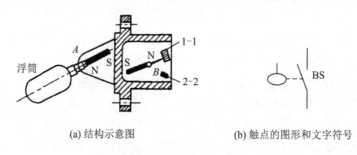

(a) 结构示意图　　(b) 触点的图形和文字符号

**图 2-49　液位继电器**

#### 8. 压力继电器

通过检测各种气体和液体压力的变化，压力继电器可以发出信号，实现对压力的检测和控制。压力继电器在液压、气压等场合应用较多。其工作实质是当系统压力达到压力继电器的设定值时发出电信号，使电气元件（如电磁铁、电动机、电磁阀等）产生动作，从而使液路或气路卸压、换向，或关闭电动机使系统停止工作，起到安全保护作用等。

压力继电器有柱塞式、膜片式、弹簧管式和波纹管式四种结构形式。如图 2-50（a）所示为柱塞式压力继电器。当从下端进油口进入的液体压力达到调定压力值时，推动柱塞上移，此位移通过杠杆放大后推动微动开关动作。对继电器接线调整时，改变弹簧的压缩量，可以调节继电器的动作压力。

压力继电器须放在压力有明显变化的地方才能可靠地工作。它价格低廉，主要用于测量和控制精度要求不高的场合。压力继电器触点的图形和文字符号如图2-50（b）所示。

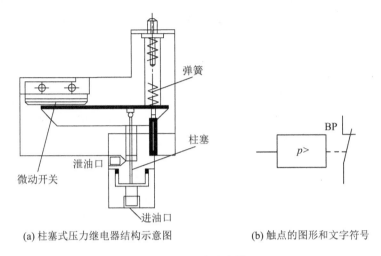

(a) 柱塞式压力继电器结构示意图　　(b) 触点的图形和文字符号

图 2-50　压力继电器

9. 固态继电器

（1）固态继电器（solid state relay，SSR）的用途：固态继电器是采用固体半导体元件组装而成的一种无触点开关。它利用电子元器件的电、磁和光特性来完成输入与输出的可靠隔离，利用大功率三极管、功率场效应管、单向可控硅和双向可控硅等器件的开关特性，来达到无触点、无火花地接通和断开被控电路。固态继电器与电磁式继电器相比，没有机械运动，不含运动零件，但它具有与机电继电器本质相同的功能。固态继电器由于接通和断开时没有机械接触部件，因而具有控制功率小、开关速度快、工作频率高、使用寿命长、抗干扰能力强和动作可靠等一系列特点。固态继电器在许多自动控制装置中得到了广泛应用。

图2-51（a）所示为一款典型的固态继电器，固态继电器的驱动器件以及其触点的图形和文字符号如图2-51（b）和（c）所示。

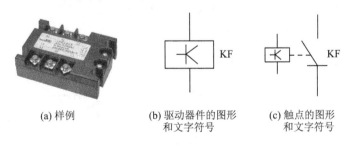

(a) 样例　　(b) 驱动器件的图形和文字符号　　(c) 触点的图形和文字符号

图 2-51　固态继电器

（2）固态继电器的种类：固态继电器是四端器件，其中两端为输入端，两端为输出端，中间采用隔离器件，以实现输入与输出之间的隔离。

① 按切换负载性质分，有直流固态继电器和交流固态继电器。

② 按输入与输出之间的隔离分，有光电隔离固态继电器和磁隔离固态继电器。

③ 按控制触发信号方式分，有过零型和非过零型、源触发型和无源触发型。

(3) 固态继电器的优点和缺点：

① 寿命长，可靠性高。固态继电器没有机械零部件，由固体器件完成触点功能。由于其没有运动的零部件，因此能在高冲击与振动的环境下工作。组成固态继电器的元器件的固有特性决定了固态继电器寿命长、可靠性高的特点。

② 灵敏度高、控制功率小、电磁兼容性好。固态继电器的输入电压范围较宽，驱动功率低，可与大多数逻辑集成电路兼容，而不需加缓冲器或驱动器。

③ 转换速度快。固态继电器因为采用固体器件，所以切换速度可从几毫秒至几微秒。

④ 电磁干扰小。固态继电器没有输入"线圈"，没有触点燃弧和同跳，因而电磁干扰小。大多数交流输出固态继电器是一个零电压开关，在零电压处导通，零电流处关断，减少了电流波形的突然中断，从而减少了开关瞬态效应。

尽管固态继电器有众多优点，但与传统的继电器相比，仍有不足之处，如漏电流大、接触电压大、触点单一、使用温度范围窄、过载能力差及价格偏高等。

(4) 固态继电器使用注意事项：

① 固态继电器的选择应根据负载的类型（阻性、感性）来确定，并要采用有效的过电压保护。

② 输出端要采用阻容浪涌吸收回路或非线性压敏电阻吸收瞬变电压。

③ 过流保护应采用专门保护半导体器件的熔断器或动作时间小于 10 ms 的自动开关。

④ 安装时采用散热器，要求接触良好且对地绝缘。

⑤ 切忌负载侧两端短路，以免固态继电器损坏。

## 任务四　主令电器的使用

### 一、学习目标

(1) 能够熟知按钮的用途、结构及工作原理。

(2) 能够检测按钮、行程开关的好坏。

(3) 能够将按钮、行程开关正确地接入线路中。

### 二、所需设备、材料和工具

所需设备、材料和工具如表 2-23 所示。

表 2-23　所需设备、材料和工具

| 名称 | 规格 | 单位 | 数量 |
| --- | --- | --- | --- |
| 万用表 | KJ9205 型 | 个 | 1 |
| 按钮 | RC1A、RL1、RS0 各系列 | 只 | 各 1 |
| 行程开关 | 常见类型 | 个 | 各 1 |
| 接近开关 | 常见类型 | 个 | 各 1 |

## 三、学习内容

主令电器是自动控制系统中用于发送和转换控制命令的电器。主令电器用于控制电路,不能直接分合主电路。主令电器应用十分广泛,种类很多,本节介绍几种常用的主令电器。

1. 控制按钮

控制按钮简称按钮,是一种结构简单且使用广泛的手动电器,在控制电路中用于手动发出控制信号以控制接触器、继电器等。常见的按钮如图 2-52 所示。

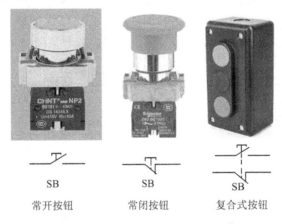

**图 2-52 常见的按钮实物图及其文字和图形符号**

控制按钮一般由按钮帽、复位弹簧、触点和外壳等部分组成,其内部结构如图 2-53 所示。按钮中触点的形式和数量根据需要可以装配成 1 常开、1 常闭到 6 常开、6 常闭的形式。接线时,也可以只接常开或常闭触点。当按下按钮时,先断开常闭触点,而后接通常开触点。按钮释放后,在复位弹簧作用下触点复位。

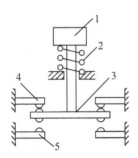

1—按钮帽;2—复位弹簧;3—动触点;4—常闭触点;5—常开触点。

**图 2-53 控制按钮内部结构示意图**

控制按钮在结构上有按钮式、自锁式、紧急式、钥匙式、旋钮式和保护式等;有些按钮还带有指示灯,可根据使用场合和具体用途来选用。

旋钮式和钥匙式的按钮也称作选择开关,有双位选择开关,也有多位选择开关。选择开关和一般按钮的最大区别就是不能自动复位。

其中,钥匙式的按钮具有安全保护功能,没有钥匙的人不能操作该按钮,只有把钥匙插入后,旋钮才可被旋转。控制按钮的图形和文字符号如图 2-54 所示。

图 2-54 控制按钮的图形和文字符号

为便于识别各个按钮的作用,避免误操作,通常将按钮帽制成不同颜色,以示区别,其颜色有红、绿、黄、蓝、白等。例如,红色表示停止按钮,绿色表示启动按钮等,如表 2-24 所列。另外还有形象化符号可供选用,如图 2-55 所示。

表 2-24 控制按钮颜色及其含义

| 颜色 | 含义 | 典型应用 |
| --- | --- | --- |
| 红色 | 危险情况下的操作 | 紧急停止 |
| | 停止或分断 | 停止一台或多台电动机,停止一台机器的电气部分,使电气元件失电 |
| 黄色 | 应急或干预 | 抑制不正常情况或中断不理想的工作周期 |
| 绿色 | 启动或接通 | 启动一台或多台电动机,启动一台机器的一部分,使电气元件得电 |
| 蓝色 | 上述几种颜色未包括的任一种功能 | — |
| 黑色、灰色、白色 | 无专门指定功能 | 可用于停止和分断上述以外的任何情况 |

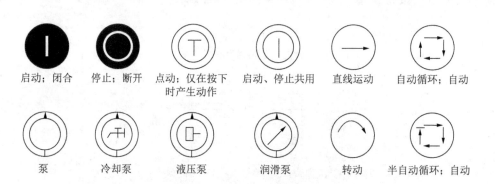

图 2-55 控制按钮的形象化符号

控制按钮的主要参数有外观形式及安装孔尺寸、触点数量及触点的电流容量,可在使用时查阅具体的产品说明书。

2. 行程开关

行程开关又称作限位开关,是一种利用生产机械某些运动部件的碰撞来发出控制命令的主令电器,是用于控制生产机械的运动方向、速度、行程大小或位置的一种自动控制器件。

行程开关广泛应用于各类机床、起重机械以及轻工机械的行程控制。当生产机械运动到某一预定位置时，行程开关通过机械可动部分的动作，将机械信号转换为电信号，以实现对生产机械的控制，限制它们的动作和位置，借此对生产机械给以必要的保护。

行程开关按其结构可分为直动式、滚轮式和微动式。

直动式行程开关的动作原理与按钮相同。但它的缺点是分合速度取决于生产机械的移动速度；当移动速度低于 0.4 m/min 时，触点分断太慢，易被电弧烧蚀。此时，应采用有盘形弹簧机构瞬时动作的滚轮式行程开关。当生产机械的行程比较小且作用力也很小时，可采用具有瞬时动作和微小行程的微动式行程开关。行程开关的图形和文字符号如图 2-56 所示。

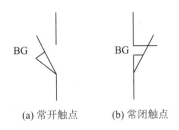

(a) 常开触点　　(b) 常闭触点

**图 2-56　行程开关的图形和文字符号**

3. 接近开关

随着电子技术的发展，出现了非接触式的行程开关，即接近开关。接近开关又称作无触点行程开关。当某种物体与之接近到一定距离时就发出动作信号，它不像机械行程开关那样需要施加机械力，而是通过其感辨头与被测物体间介质能量的变化来获取信号。接近开关的应用已远超出一般行程控制和限位保护的范畴，例如用于高速计数，测速，液面控制，检测金属体的存在、零件尺寸，以及作为无触点按钮等。接近开关可用于一般行程控制，其定位精度、操作频率、使用寿命和对恶劣环境的适应能力优于一般机械式行程开关。

接近开关按工作原理可以分为高频振荡型、电容型、霍耳型等几种类型。

高频振荡型接近开关基于金属触发原理，主要由高频振荡器、集成电路（或晶体管放大电路）和输出电路三部分组成。其基本工作原理是：振荡器的线圈在开关的作用表面产生一个交变磁场，当金属检测体接近此作用表面时，金属检测体中将产生涡流；由于涡流的去磁作用使感辨头的等效参数发生变化，由此改变振荡电路的谐振阻抗和谐振频率，使振荡停止。振荡器的振荡和停振这两个信号，经整形放大后转换成开关信号输出。

电容型接近开关主要由电容式振荡器及电子电路组成。它的电容位于传感器表面，当物体接近时，其耦合电容值发生改变，从而产生振荡和停振使输出信号发生跳变。

霍耳型接近开关由霍耳元件组成，将磁信号转换为电信号输出，内部的磁敏元件仅对垂直于传感器端面的磁场敏感。当磁极 S 极对接近开关时，接近开关的输出产生正跳变，输出为高电平；若磁极 N 极对接近开关，输出产生负跳变，输出为低电平。接近开关的图形和文字符号如图 2-57 所示。

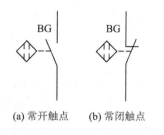

(a) 常开触点　　(b) 常闭触点

**图 2-57　接近开关的图形和文字符号**

接近开关的工作电压有交流和直流两种，输出形式有两线、三线和四线三种；有一对常开、常闭触点；晶体管输出类型有 NPN、PNP 两种；外形有方形、圆形、槽型和分离型等多种。接近开关的主要参数有动作行程、工作电压、动作频率、响应时间、输出形式以及触点电流容量等，在产品说明书中有详细说明。

4. 光电开关

光电开关除克服了接触式行程开关存在的诸多不足外，还克服了接近开关的作用距离短、不能直接检测非金属材料等缺点。它具有体积小、功能多、寿命长、精度高、响应速度快、检测距离远以及抗电磁干扰能力强等优点，还可非接触、无损伤地检测和控制各种固体、液体、透明体、柔软体和烟雾等物质的状态和动作。目前，光电开关已被用于物位检测、液位控制、产品计数、宽度判别、速度检测、定长剪切、孔洞识别、信号延时、自动门传感、色标检验以及安全防护等诸多领域。光电开关按检测方式可分为反射式、对射式和镜面反射式三种类型。表 2-25 给出了光电开关的检测分类方式及特点。

**表 2-25　光电开关的检测分类方式及特点**

| 检测方式 | | 光路 | 特点 |
|---|---|---|---|
| 对射式 | 扩散 | | 检测距离远，也可检测半透明体的密度（透过率） |
| | 狭角 | | 光束发散角小，抗邻组干扰能力强 |
| | 细束 | | 擅长检出细微的孔径、线型和条状物 |
| | 槽形 | | 光轴固定不需调节，工作位置精度高 |
| | 光纤 | | 适于空间狭小、电磁干扰大、温差大、需要防爆的危险环境 |

（检测不透明体）

续表

| 检测方式 | | 光路 | | 特点 |
|---|---|---|---|---|
| 反射式 | 限距 | | 检测透明体和不透明体 | 工作距离限定在光束交点附近,可避免背景影响 |
| | 狭角 | | | 无限距型,可检测透明体后面的物体 |
| | 标志 | | | 检测颜色标记和孔隙、液滴、气泡,测量电表、水表转速 |
| | 扩散 | | | 检测距离远,可检出所有物体,通用性强 |
| | 光纤 | | | 适于空间狭小,电磁干扰大、温差大、需要防爆的危险环境 |
| 镜面反射式 | | | | 反射距离远,适宜远距检出,还可检出透明体、半透明体 |

图 2-58（a）所示为反射式光电开关的工作原理图。图中,由振荡凹路产生的调制脉冲经反射电路后,由发光管 PG 辐射出光脉冲。当被测物体进入受光器作用范围时,被反射回来的光脉冲进入光敏三极管 KF,并在接收电路中将光脉冲解调为电脉冲信号,再经放大器放大和同步选通整形,然后用数字积分或阻容积分方式排除干扰,最后经延时（或不延时）触发驱动输出光电开关控制信号。

光电开关的图形和文字符号如图 2-58（b）所示。

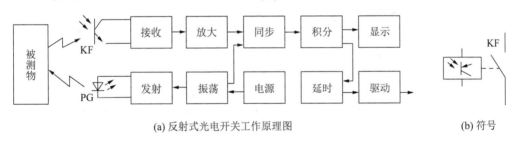

(a) 反射式光电开关工作原理图　　　　　　　　(b) 符号

图 2-58　光电开关

光电开关一般都具有良好的回差特性,即使被检测物在小范围内晃动也不会影响驱动器的输出状态,从而可使其保持在稳定工作区。同时,自诊断系统还可以显示受光状态和稳定工作区,以随时监视光电开关的工作。

光电开关外形有方形、圆形等几种,主要参数有动作行程工作电压、输出形式等,在产品说明书中有详细说明。光电开关的产品种类十分丰富,应用也非常广泛。

5. 信号电器

信号电器主要用来对电气控制系统中的某些信号的状态、报警信息等进行指示。典型产品主要有信号灯（指示灯）、灯柱、电铃和蜂鸣器等。

指示灯在各类电气设备及电气线路中用于电源指示及指挥信号、预告信号、运行信号、故障信号及其他信号的指示。指示灯主要由壳体、发光体、灯罩等组成。外形结构多种多样。发光体主要有白炽灯、氖灯和半导体型三种。发光颜色有黄、绿、红、白、蓝五种，使用时按同标规定的用途选用，见表2-26。

表2-26 指示灯的颜色及其含义

| 颜色 | 含义 | 解释 | 典型应用 |
| --- | --- | --- | --- |
| 红色 | 异常或警报 | 对可能出现危险和需要立即处理的情况进行报警 | 参数超过规定限制，断开被保护电器，电源指示 |
| 黄色 | 警告 | 状态改变或参数接近极限值 | 参数偏离正常值 |
| 绿色 | 准备、安全 | 安全运行条件指示或机械准备启动 | 设备正常运转 |
| 蓝色 | 特殊指示 | 上述几种颜色未包括的任意一种功能 | — |
| 白色 | 一般信号 | 上述几种颜色未包括的各种功能 | |

指示灯的主要参数有安装孔尺寸、工作电压及颜色等。指示灯的图形和文字符号如图2-59（a）所示。信号灯柱是一种尺寸较大、由几种颜色的环形指示灯叠压在一起组成的指示灯。它可以根据不同的控制信号而使不同的灯点亮。由于体积比较大，所以远处的操作人员也可看见信号。信号灯柱常用于生产流水线，用于不同的信号警示。

电铃和蜂鸣器都属于声响类的指示器件。在警报发生时，不仅需要指示灯指示出具体的故障，还需要声响器件报警，以便告知在现场的所有操作人员。蜂鸣器一般用在控制设备中，而电铃主要用在较大场合的报警系统中。电铃和蜂鸣器的图形和文字符号如图2-59（b）和（c）所示。

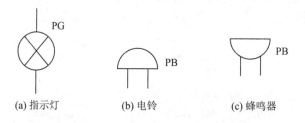

图2-59 信号电器的图形和文字符号

### 做中学

#### 一、任务要求
（1）观察三联按钮盒的外形、结构特点和型号。
（2）用万用表电阻挡分断常开、常闭触点。
（3）检测三联按钮盒的好坏。

## 二、任务评价

任务评价如表 2-27 所示。

表 2-27 主令电器的使用任务评价表

| 任务名称 | 主令电器的使用 | 学生姓名 | | 学号 | | 组号 | | 班级 | | 日期 | |
|---|---|---|---|---|---|---|---|---|---|---|---|
| 项目内容 | | 评分标准 | | | | | | | | 得分 | |
| 熟悉电器 | | 熟悉按钮、行程开关的结构及工作过程（30 分） | | | | | | | | | |
| 检测好坏 | | 会正确检测按钮盒的好坏（30 分） | | | | | | | | | |
| 接入电路 | | 将按钮、行程开关接入电路（30 分） | | | | | | | | | |
| 文明生产、小组合作 | | 严格遵守安全规程、文明生产、规范操作；小组协作、共同完成（10 分） | | | | | | | | | |
| 总评 | | | | | | | | | | | |

## 三、思考与拓展

1. 填空题

（1）按钮用于_____和_____5 A 以下的小电流电路。

（2）按钮按静态时触点的分合状态分为_____。

（3）位置开关利用生产机械_____的碰压使其触点产生动作。

2. 问答题

（1）什么是按钮？它有哪些作用？

（2）什么是接近开关？它有哪些用途？

● 思政课堂

**我国低压电器行业发展情况**

近年来，规模企业积极提高设计能力，对产品研发加大投入，进行技术创新和技术改造，以促进科技成果转化，用新技术改造传统产业，全力推进低压电器向绿色节能方向发展。目前我国低压电器产品的整体质量水平与国际先进水平相比相差不大，现行的国家标准基本都等同/修改采用 IEC 产品标准。

与以往的认知有所不同，行业人士认为全社会用电量提高是低压电器市场规模增长的根本驱动力。我国人均用电量只有美国的 1/3，人均居民生活用电量只有美国的 1/4。伴随人均 GDP 的逐步提高以及工业自动化的加速渗透，预计我国人均居民生活用电量将保持快速增长，全社会用电量也将持续稳步上升。低压电器将很快成为千亿规模的市场。

低压电器高端市场占整体市场规模的 1/3 以上，主要市场份额被施耐德、ABB 与西门子所占据。高端市场下游需求包括数据中心、轨道交通等新基建项目和高端地产、大中型厂房项目，受基建投资增加、地产竣工面积提速和传统工业固定资产投资增长影响，高端项目型市场将持续保持旺盛需求。

外资品牌通过"技术+品牌口碑+销售资源"构筑了高端市场的进入壁垒。国产高端品牌通过持续的高研发投入,在产品技术上已基本追平外资品牌;通过参与行业标杆项目和加大对设计院的覆盖,品牌认可度持续提高;通过借鉴外资较为成功的销售架构和运作模式,项目型市场的参与度快速提升。

# 单元三　三相异步电动机及其控制

电动机是利用电磁感应原理的机械，随着生产的发展而发展；反过来，电动机的发展也促进社会生产力不断提高。从 19 世纪末起，电动机就逐渐代替蒸汽机作为拖动生产机械的原动力。一个多世纪以来，虽然电动机的基本结构变化不大，但是电动机的类型增加了许多，在运行性能、经济指标等方面也有了很大的改进和提高。

三相异步电动机主要用于电动机拖动各种生产机械。其结构简单，制造、使用和维护方便，运行可靠，成本低，效率高，因而得以广泛应用。三相异步电动机主要用于食品机械、风机等各种机械设备。

## 项目一　认识三相异步电动机

● 任务描述

三相交流异步电动机（图 3-1）是一种将电能转化为机械能的电力拖动装置。它主要由定子、转子和它们之间的气隙构成。定子绕组通入三相交流电源后，产生旋转磁场并切割转子，获得转矩。三相异步电动机具有结构简单、运行可靠、价格便宜、过载能力强，以及使用、安装、维护方便等优点，被广泛应用于各个领域。

图 3-1　三相异步电动机外形图

### 任务一　认识三相异步电动机的结构

一、学习目标
（1）掌握三相异步电动机的基本组成部分及其功能。
（2）理解定子、转子和它们之间的气隙在三相异步电动机工作中的作用。

（3）学习如何通过电动机的外形图识别其结构特点。

## 二、学习内容

三相异步电动机的种类很多，但各类三相异步电动机的基本结构是相同的，它们都由定子和转子这两大基本部分组成，在定子和转子之间具有一定的气隙。此外，还有端盖、轴承、接线盒、吊环等其他附件。图3-2为封闭式三相笼型异步电动机的结构图。

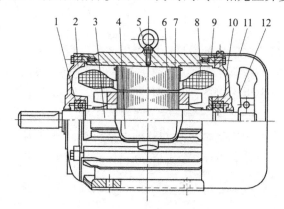

1—轴承；2—前端盖；3—转轴；4—接线盒；5—吊环；6—定子铁芯；7—转子；
8—定子绕组；9—机座；10—后端盖；11—风罩；12—风扇。

图3-2 封闭式三相笼型异步电动机结构图

### 1. 定子部分

定子主要用于产生旋转磁场。三相异步电动机的定子一般由外壳、定子铁芯、定子绕组等部分组成。

（1）外壳：

三相异步电动机外壳包括机座、端盖、轴承盖、接线盒及吊环等部件。

机座：由铸铁或铸钢浇铸成型，它的作用是保护和固定三相异步电动机的定子绕组。中、小型三相异步电动机的机座还有两个端盖支承着转子，它是三相异步电动机机械结构的重要组成部分。通常机座的外表要求散热性能好，所以一般都铸有散片。

端盖：用铸铁或铸钢浇铸成型，它的作用是把转子固定在定子内腔中心，使转子能够在定子中均匀地旋转。

轴承盖：也是由铸铁或铸钢浇铸成型，作用是固定转子，使转子不能移动，另外起存放润滑油和保护轴承的作用。

接线盒：一般用铸铁浇铸，其作用是保护和固定绕组的引出线端子。

吊环：一般用铸钢制造，安装在机座的上端，用来起吊、搬抬三相异步电动机。

（2）定子铁芯：

三相异步电动机定子铁芯是电动机磁路的一部分，由0.35~0.5 mm厚表面涂有绝缘漆的硅钢片叠压而成，如图3-3所示。由于硅钢片较薄而且片与片之间是绝缘的，所以减少了由于交变磁通通过而引起的铁芯涡流损耗。铁芯内圆有均匀分布的槽口，用来嵌放定子线圈。

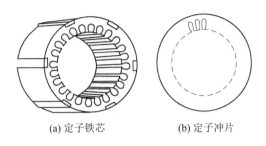

(a) 定子铁芯　　　　(b) 定子冲片

图 3-3　定子铁芯及冲片示意图

（3）定子绕组：

定子绕组是三相异步电动机的电路部分，三相异步电动机有三相绕组，通入三相对称电流时，就会产生旋转磁场。三相绕组由三个彼此独立的绕组组成，且每个绕组又由若干线圈连接而成。每个绕组即为一相，每个绕组在空间内相差120°相位。线圈由绝缘铜导线或绝缘铝导线绕制。中、小型三相异步电动机的定子线圈多采用圆漆包线，大、中型三相异步电动机则用较大截面的绝缘扁铜线或扁铝线绕制后，再按一定规律嵌入定子铁芯槽内。定子三相绕组的六个出线端都引至接线盒上，首端分别标为 U1、V1、W1，末端分别标为 U2、V2、W2。这六个出线端在接线盒里的排列如图 3-4 所示，可以接成星形或三角形。

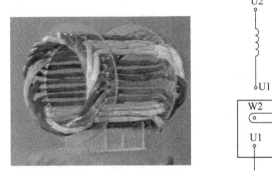
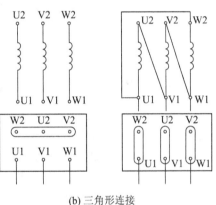

(a) 星形连接　　　　　　　　(b) 三角形连接

图 3-4　定子绕组的连接方式

2. 转子部分

（1）转子铁芯：

转子铁芯是用 0.5 mm 厚的硅钢片叠压而成，套在转轴上，作用和定子铁芯相同，一方面作为电动机磁路的一部分，一方面用来安放转子绕组。

（2）转子绕组：

三相异步电动机的转子绕组分为绕线型与笼型两种，由此分为绕线型异步电动机与笼型异步电动机。

① 绕线型转子绕组：与定子绕组一样也是一个三相绕组，一般接成星形，三相引出线分别接到转轴上的三个与转轴绝缘的集电环上，通过电刷装置与外电路相连，这就有可能在转子电路中串接电阻或电动势以改善电动机的运行性能，见图 3-5。

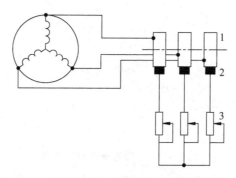

1—集电环；2—电刷；3—变阻器。

图 3-5　绕线型转子与外加变阻器的连接

② 笼型转子绕组：在转子铁芯的每一个槽中插入一根铜条，在铜条两端各用一个铜环（称为端环）把导条连接起来，称为铜排转子，如图 3-6（a）所示。也可用铸铝的方法，把转子导条和端环风扇叶片用铝液一次浇铸而成，称为铸铝转子，如图 3-6（b）所示。100 kW 以下的三相异步电动机一般采用铸铝转子。

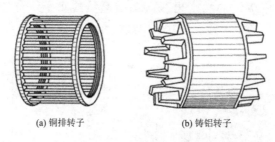

(a) 铜排转子　　　　　　　(b) 铸铝转子

图 3-6　笼型转子绕组

3. 其他部分

其他部分包括端盖、风扇等。端盖除了起防护作用外，其上还装有轴承，用以支撑转子轴。风扇则用来通风冷却电动机。三相异步电动机的定子与转子之间的气隙，一般仅为 0.2~1.5 mm。如气隙太大，电动机运行时的功率因数降低；如气隙太小，则装配困难，运行不可靠，高次谐波磁场增强，从而使附加损耗增加以及启动性能变差。

4. 电动机铭牌

三相异步电动机的铭牌一般形式如图 3-7 所示。

| 三相异步电动机 | | | |
|---|---|---|---|
| 型号 | Y112M-4 | 编号 | |
| 4.0 | KW | 8.8 | A |
| 380 V | 1440 r/min | LW | 82dB |
| 接法 △ | 防护等级 IP44 | 50Hz | 45kg |
| 标准编号 | 工作制 S1 | B级绝缘 | 2000年8月 |
| 中原电机厂 | | | |

图 3-7　三相异步电动机铭牌

铭牌解释具体内容如表 3-1 所示。

表 3-1  铭牌解释

| 名称 | 具体内容 |
|---|---|
| 型号 | Y112M-4 中 "Y" 表示 Y 系列笼型异步电动机（YR 表示绕线型异步电动机），"112" 表示电动机的中心高为 112 mm，"M" 表示中机座（"L" 表示长机座，"S" 表示短机座），"4" 表示 4 极电动机<br>有些电动机型号在机座代号后面还有一位数字，代表铁芯号，如 Y132S2-2 型号中 "S" 后面的 "2" 表示 2 号铁芯长（"1" 为 1 号铁芯长） |
| 额定功率 | 电动机在额定状态下运行时，其轴上所能输出的机械功率称为额定功率 |
| 额定速度 | 在额定状态下运行时的转速称为额定速度 |
| 额定电压 | 电动机在额定运行状态下，电动机定子绕组上应加的线电压值称为额定电压。Y 系列电动机的额定电压都是 380 V。凡功率小于 3 kW 的电动机，其定子绕组均为星形连接；4 kW 以上都是三角形连接 |
| 额定电流 | 电动机加以额定电压，在其轴上输出额定功率时，定子从电源取用的线电流值称为额定电流 |
| 防护等级 | 防止人体接触电动机转动部分、电动机内带电体和防止固体异物进入电动机内的防护等级。防护等级 IP44 的含义：<br>IP——特征字母，为"国际防护"的缩写；<br>44——4 级防固体（防止大于 1 mm 固体进入电动机）；4 级防水（任何方向溅水应无影响） |
| LW | LW 指电动机的总噪声等级。LW 值越小表示电动机运行的噪声越低。噪声单位为 dB |
| 工作制 | 电动机的运行方式。一般分为"连续"（代号为 S1）、"短时"（代号为 S2）、"断续"（代号为 S3） |
| 接法 | 表示电动机在额定电压下，定子绕组的连接方式（星形连接和三角形连接）。当电压不变时，如将星形连接改为三角形连接，线圈的电压为原线圈的 $\sqrt{3}$，这样电动机线圈的电流过大而发热。如果把三角形连接的电动机改为星形连接，电动机线圈的电压为原线圈的 $1/\sqrt{3}$，电动机的输出功率就会降低 |
| 额定频率 | 电动机在额定运行状态下，定子绕组所接电源的频率，称为额定频率。我国规定的额定频率为 50 Hz |

● 做中学

一、任务要求

（1）了解电动机铭牌信息的重要性，能够根据铭牌信息判断电动机的性能参数和适用范围。

（2）学习如何根据电动机的型号、额定功率、额定电压等参数选择合适的电动机。

（3）掌握电动机的安装、调试和维护的基本技能，确保电动机能够安全、高效地运行。

## 二、任务评价

任务评价如表 3-2 所示。

表 3-2 三相异步电动机的拆卸与安装任务评价表

| 任务名称 | 三相异步电动机的拆卸与安装 | | 学生姓名 | 学号 | 组号 | 班级 | 日期 |
|---|---|---|---|---|---|---|---|
| 项目内容 | | 评分标准 | | | | | 得分 |
| 拆卸电动机 | | 1. 拆卸步骤正确（10 分） | | | | | |
| | | 2. 定子绕组无碰伤（15 分） | | | | | |
| | | 3. 零部件无损坏（10 分） | | | | | |
| | | 4. 装配标记清楚（5 分） | | | | | |
| 安装电动机 | | 1. 装配步骤、方法正确（10 分） | | | | | |
| | | 2. 定子绕组无碰伤（15 分） | | | | | |
| | | 3. 零部件无损坏（10 分） | | | | | |
| | | 4. 紧固螺钉拧紧（5 分） | | | | | |
| | | 5. 装配后转动灵活（10 分） | | | | | |
| 文明生产、小组合作 | | 严格遵守安全规程、文明生产、规范操作；小组协作、共同完成（10 分） | | | | | |
| 总评 | | | | | | | |

## 任务二　掌握三相异步电动机工作过程

### 一、学习目标

（1）理解三相绕组通电顺序对电动机旋转方向的影响。
（2）学习如何使用兆欧表来测量电动机的绝缘电阻。
（3）掌握电动机启动、运行、停止的原理以及控制电路的结构。
（4）探究电动机在不同工作制下的性能表现和适用条件。
（5）学习电动机故障诊断和基本维修技巧，能够识别并处理电动机的常见问题。

### 二、学习内容

下面介绍三相异步电动机基本工作原理。

图 3-8 为一台三相笼型异步电动机的示意图。在电子铁芯里镶嵌着对称的三相绕组 U1-U2、V1-V2、W1-W2。转子槽内放有导条，导线两端用短路环短接起来，形成一个笼型的闭合绕组。电子三相绕组可接成星形，也可接成三角形。

由旋转磁场理论分析可知，如果电子对称三相绕组被施以对称的三相电压，就有对称的三相电流流过（图 3-9），并且会在电动机的气隙中形成一个旋转的磁场（图 3-10），这个磁场的转速 $n_1$ 称为同步转速，其与电网的频率 $f_1$ 及电动机的磁极对数 $p$ 的关系为

$$n_1 = 60f_1/p \tag{3-1}$$

转向与三相绕组的排列以及三相电流的相序有关,图 3-8 中 U2、V2、W2 相以顺时针方向排列,当定子绕组中通入 U2、V2、W2 相序的三相电流时,定子旋转磁场为顺时针方向。由于转子是静止的,转子与旋转磁场之间有相对运动,转子导体因切割定子磁场而产生感应电动势,因转子绕组自身闭合,转子绕组内便有电流通过。转子有功电流与转子感应电动势相位相同,其方向可由右手定则确定。载有有功分量电流的转子绕组在定子旋转磁场作用下,将产生电磁力 $f$,其方向由左手定则确定。电磁力对转轴形成一个电磁转矩,其作用方向与旋转磁场方向一致,带动转子顺着旋转磁场的旋转方向旋转,将输入的电能变为旋转的机械能。如果电动机轴上带有机械负载,则机械负载随着电动机的旋转而旋转,电动机对机械负载做功。

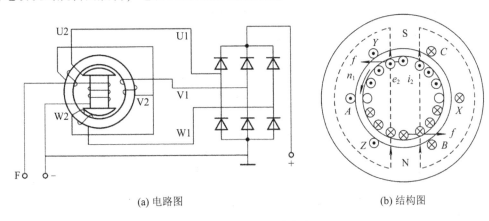

(a) 电路图  (b) 结构图

图 3-8 三相笼型异步电动机

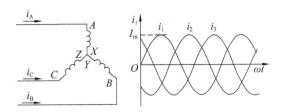

图 3-9 定子通入三相对称电流

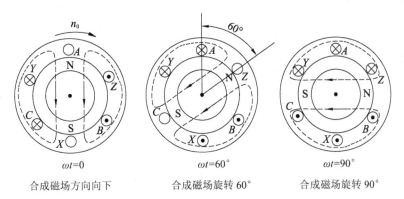

$\omega t=0$  $\omega t=60°$  $\omega t=90°$
合成磁场方向向下  合成磁场旋转 60°  合成磁场旋转 90°

图 3-10 旋转磁场的产生

综上分析可知，三相异步电动机转动的基本工作原理是：

（1）三相对称绕组中通入三相对称电流产生圆形旋转磁场。

（2）转子导体切割旋转磁场产生感应电动势和电流。

（3）转子载流导体在磁场中受到电磁力的作用，从而形成电磁转矩，驱使电动机转子转动。

● 做中学

### 一、任务要求

（1）掌握三相异步电动机的铭牌含义。

（2）能够熟练掌握三相异步电动机的连线方式。

（3）能够测量三相异步电动机绝缘电阻。

### 二、任务评价

任务评价如表 3-3 所示。

表 3-3 测量三相异步电动机绝缘电阻任务评价表

| 任务名称 | 测量三相异步电动机绝缘电阻 | 学生姓名 | | 学号 | | 组号 | | 班级 | | 日期 | |
|---|---|---|---|---|---|---|---|---|---|---|---|
| 项目内容 | 评分标准 | | | | | | | | | 得分 | |
| 测量前 | 测量前开路与短路试验检查兆欧表好坏（10分） | | | | | | | | | | |
| 各相绕组对绝缘电阻 | 1. 连接电路正确（10分） | | | | | | | | | | |
| | 2. 规范操作、读数正确（25分） | | | | | | | | | | |
| 测量相间绝缘电阻 | 1. 连接电路正确（10分） | | | | | | | | | | |
| | 2. 规范操作、读数正确（25分） | | | | | | | | | | |
| 测量后 | 规范整理所用器材、对大电容进行放电操作等（10分） | | | | | | | | | | |
| 文明生产、小组合作 | 严格遵守安全规程、文明生产、规范操作；小组协作、共同完成（10分） | | | | | | | | | | |
| 总评 | | | | | | | | | | | |

### 三、思考与拓展

已知一台三相异步电动机的额定功率 $P_N = 4$ kW，额定电压 $U_N = 380$ V，额定功率因数 $\cos \varphi_N = 0.77$，额定效率 $\eta_N = 0.84$，额定转速 $n_N = 960$ r/min，求额定电流 $I_N$。

## 项目二　三相异步电动机的单向运转控制

### ● 任务描述

三相异步电动机由于结构简单，制造、使用和维护方便，以及运行可靠、成本低、效率高等优点获得了广泛的应用。在生产实际中，它的应用占到了电动机使用量的80%以上。使用三相异步电动机，首先需要了解电气原理图的概念、绘制原则，并应熟练掌握三相笼型异步电动机点动控制和单向连续控制等基本控制线路的工作原理及其动作过程，通过精确控制电动机的启动、停止、转速和方向，满足各种生产需求，提高设备运行效率和稳定性。

### 任务一　电气原理图的绘制

#### 一、学习目标
（1）了解电气原理图的概念、绘制原则。
（2）了解电气安装接线图的概念、绘制原则。

#### 二、学习内容

电气控制线路是用导线将电动机、电器、仪表等元器件按一定的要求连接起来，并实现某种特定控制要求的电路。为了表达生产机械电气控制系统的结构、原理等设计意图，便于电气系统的安装、调试、使用和维修，将电气控制系统中各电气元件及其连接线路用一定的图形表达出来，这就是电气控制系统图。

电气控制系统图一般有三种：电气原理图、电气安装接线图和电气元件布置图。在图上用不同的图形符号来表示各种电气元件，用不同的文字符号来说明图形符号所代表的电气元件的基本名称、用途、主要特征及编号等。按电气元件的布置位置和实际接线，用规定的图形符号绘制的图称作电气安装接线图。安装接线图便于安装、检修和调试。电气原理图按照简单易懂的原则，根据电路工作原理，采用规定的国家标准统一规定的图形符号绘制。电气原理图能够清楚地表明电路功能，便于分析系统的工作原理。由于电气原理图具有结构简单，层次分明，适合应用于分析、研究电路的工作原理等优点，所以无论在设计部门还是生产现场都得到了广泛的应用。下面主要介绍电气原理图和电气安装接线图。

1. 电气原理图

电气原理图的目的是便于阅读和分析控制线路，应根据简单易懂的原则，根据电路工作原理来绘制。它包括所有电气元件的导电部件、接线端子和导线。但不考虑电气元件的实际布置位置来绘制，也不反映电气元件的实际大小。

电气原理图、电气安装接线图和电气元件布置图的绘制应遵循的相关国家标准是

GB/T 6988《电气技术用文件的编制》。GB/T 6988 在各个分标准中，详细规定了各种电气图的绘制原则。本部分只对这些原则进行概括性的总结和应用。

下面以图 3-11 所示的某机床的电气原理图为例，来说明电气原理图的规定画法和注意事项。

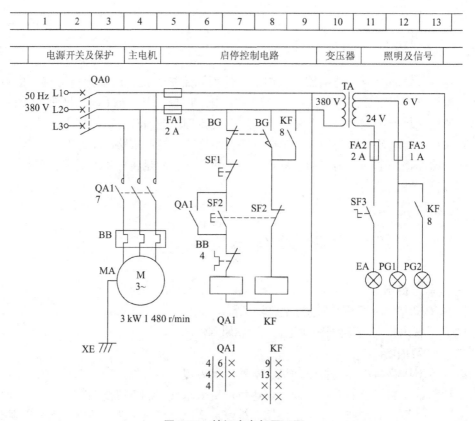

图 3-11　某机床电气原理图

绘制电气原理图时应遵循的主要原则如下：

(1) 电气原理图一般分主电路和辅助电路两部分。主电路是电气控制线路中大电流通过的部分，包括从电源到电动机之间相连的电气元件，一般由组合开关、主熔断器、接触器主触点、热继电器的热元件和电动机等组成。辅助电路是电气控制线路中除主电路以外的电路，其流过的电流比较小。辅助电路包括控制电路、照明电路、信号电路和保护电路。其中，控制电路由按钮、接触器和继电器的线圈及辅助触点、保护电器触点等组成。

(2) 电气原理图中，所有电气元件都应采用国家标准中统一规定的图形符号和文字符号表示。

(3) 电气原理图中，所有电气元件的布局应根据便于阅读的原则安排。主电路安排在图面左侧或上方，辅助电路安排在图面右侧或下方。无论主电路还是辅助电路，均应按功能布置，尽可能按动作顺序从上到下、从左到右排列。

(4) 电气原理图中，当同一电气元件的不同部件（如线圈、触点）分散在不同位置时，为了表示是同一元件，要在电气元件的不同部件处标注统一的文字符号。对于同类元器件，要在其文字符号后加数字序号来区别。如两个接触器，可用 KM1、KM2 文字符号区别。

(5) 电气原理图中,所有电器的可动部分均按没有通电或没有外力作用时的状态画出;对于继电器、接触器的触点,按其线圈不通电时的状态画出;控制器按手柄处于零位时的状态画出;对于按钮、行程开关等触点,按未受外力作用时的状态画出。

(6) 电气原理图中,应尽量减少线条和避免线条交叉。各导线之间有电联系时,对 T 形连接点,在导线交点处可以画实心圆点,也可以不画;对+形连接点,必须画实心圆点。根据图面布置需要,可以将图形符号旋转绘制,一般逆时针方向旋转 90°,但文字符号不可倒置。

(7) 图区的划分:图纸上方的 1、2、3……数字是图区的编号,是为了便于检索电气线路、方便阅读分析、避免遗漏而设置的。图区编号也可设置在图的下方。图幅大时可以在图纸左方加入 a、b、c……字母图区编号。

图区编号下方的文字表明它对应的下方元件或电路的功能,使读者能清楚地知道某个元件或某部分电路的功能,以利于理解全部电路的工作原理。

最新修订的有关电气制图的国家标准为 GB/T 6988.1—2024《电气技术用文件的编制 第 1 部分:规则》和 GB/T 21654—2008《顺序功能表图用 GRAFCET 规范语言》。

2. 电气安装接线图

电气安装接线图用于电气设备和电气元件的安装、配线、维护和检修电器故障。图中标示出各元器件之间的关系、接线情况以及安装和敷设的位置等。对某些较为复杂的电气控制系统或设备,当电气控制柜中或电气安装板上的元器件较多时,还应该画出各端子排的接线图。一般情况下,电气安装接线图和电气原理图需要配合起来使用。

绘制电气安装接线图应遵循的主要原则如下:

(1) 必须遵循相关国家标准绘制电气安装接线图。

(2) 各电气元件的位置、文字符号必须和电气原理图中的标注一致,同一个电气元件的各部件(如同一个接触器的触点、线圈等)必须画在一起,各电气元件的位置应与实际安装位置一致。

(3) 不在同一安装板或电气柜上的电气元件或信号的电气连接一般应通过端子排连接,并按照电气原理图中的接线编号连接。

(4) 走向相同、功能相同的多根导线可用单线或线束表示。画连接线时,应标明导线的规格、型号、颜色、根数和穿线管的尺寸。

### 任务二　掌握三相异步电动机点动控制线路

**一、学习目标**

(1) 理解点动控制线路的工作原理和特点。

(2) 学习如何根据点动控制要求设计电路。

(3) 掌握点动控制线路中各电气元件的功能和作用。

(4) 能够分析和解决点动控制线路可能出现的常见故障。

(5) 通过实际操作,熟悉点动控制线路的安装和调试过程。

## 二、学习内容

在机床刀架、横梁、立柱等快速移动和机床对刀等场合，常需要按下按钮，电动机就启动运转；松开按钮，电动机就停止运转。这种运动方式即为点动。在生产实践中，有的生产机械需要点动控制，有的生产机械既需要按常规工作，又需要点动控制。点动控制线路的实现依赖于正确的电路设计和元件选择。在设计时，需要考虑电路的简洁性、可靠性和安全性。通常，点动控制线路会使用一个或多个按钮来控制接触器的吸合与释放，从而实现电动机的启动和停止。接触器的辅助触点可以用来保持电路的自锁状态，确保电动机在按钮释放后继续运转。同时，还需要考虑过载保护和紧急停止等安全措施，以防止电动机或操作人员受到损害。

在学习过程中，通过理论学习和实践操作相结合，可以加深对点动控制线路工作原理的理解，并提高解决实际问题的能力。通过模拟电路的搭建和调试，可以进一步巩固所学知识，并为将来在实际工作中解决类似的问题打下坚实的基础。图 3-12 所示为能实现点动的几种控制线路。

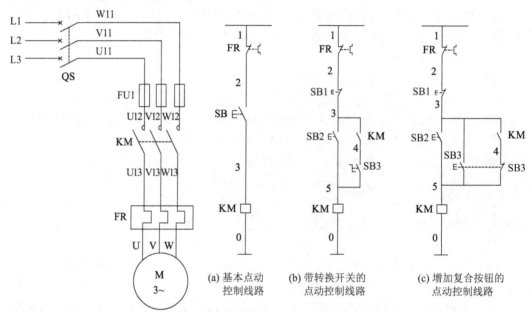

图 3-12　几种点动控制线路

图 3-12（a）是最基本的点动控制线路。线路的动作过程是启动时按下 SB，KM 线圈通电，KM 主触点吸合，电动机启动运行；停止时松开 SB，KM 线圈断电释放，KM 主触点复位，电动机停止运转。

图 3-12（b）是带转换开关 SB3 的点动控制线路。当需要点动控制时，只要把开关 SB3 断开，由按钮 SB2 来进行点动控制；当需要正常运行时，只要把开关 SB3 合上，将 KM 的自锁触点接入，即可实现连续控制。

图 3-12（c）中增加了一个复合按钮 SB3 来实现点动控制。需要点动控制时，按下复合按钮 SB3，其常闭触点先断开自锁电路，常开触点后闭合，接通启动控制电路，KM 线圈通电，衔铁被吸合，主触点闭合接通三相电源，电动机启动运转；当松开复合按钮 SB3 时，其常开触点先断开，常闭触点后闭合，KM 线圈断电释放，主触点断开电

源，电动机停止运转。由按钮 SB2 和 SB1 来实现连续控制。

在阅读电气控制线路图时，一定要注意复合按钮常开触点和常闭触点的动作顺序，即动断先断开，动合再闭合。

## 做中学

### 一、任务要求
（1）根据电气原理图，安装三相异步电动机点动控制线路。
（2）学会对线路进行检修。

### 二、所需设备、材料和工具
所需设备、材料和工具如表 3-4 所示。

表 3-4　所需设备、材料和工具

| 名称 | 型号 | 规格 | 数量 |
| --- | --- | --- | --- |
| 三相异步电动机 | Y-112M-4 | 4 kW，380 V，8.8 A，三角形接法，1 440 r/min | 1 |
| 组合开关 | HZ10-25/3 | 三极，25 A | 1 |
| 熔断器 | RL1-60/25 | 500 V，60 A，配熔体 25 A | 3 |
| 熔断器 | RL1-15/2 | 500 V，15 A，配熔体 2 A | 2 |
| 交流接触器 | CJ10-20 | 20 A，线圈电压 380 V | 1 |
| 热继电器 | JR16-20/3 | 三极，20 A，整定电流 8.8 A | 1 |
| 按钮 | LA4-31-1 | 保护式，500 V，5 A，按钮数 3 | 1 |
| 端子板 | JD0-10125 | 500 V，10 A，15 节 | 1 |

### 三、操作步骤
（1）根据电气原理图画出电气元件布置图。
（2）根据电气元件布置图进行安装、布置。
（3）根据电气原理图对实物进行连线。
（4）对安装的线路进行调试、检修。

### 四、任务评价
任务评价如表 3-5 所示。

表 3-5　安装三相异步电动机点动控制线路任务评价表

| 任务名称 | 安装三相异步电动机点动控制线路 | 学生姓名 | 学号 | 组号 | 班级 | 日期 |
| --- | --- | --- | --- | --- | --- | --- |
| 项目内容 | 评分标准 ||||| 得分 |
| 熟悉工具 | 熟知所备工具的使用方法（10 分） ||||| |
| 安装 | 1. 确保安装前电源切断（10 分） ||||| |
| | 2. 安装顺序正确，接线处接触良好（20 分） ||||| |
| | 3. 用万用表正确检查电路有无断路、短路故障（30 分） ||||| |
| | 4. 检查无误通知教师后通电试运行（10 分） ||||| |

续表

| 项目内容 | 评分标准 | 得分 |
|---|---|---|
| 完成后 | 规范整理所用器材（10分） | |
| 文明生产、小组合作 | 严格遵守安全规程、文明生产、规范操作；小组协作、共同完成（10分） | |
| 总评 | | |

## 任务三  掌握三相异步电动机单向连续控制线路

### 一、学习目标

（1）能够正确识图，根据电气原理图掌握线路工作原理。

（2）根据电气原理图能够正确规范地进行安装接线。

（3）学会对线路进行调试和检修。

（4）能够在生活实践中学以致用，运用单向连续控制线路。

### 二、学习内容

图 3-13 所示为三相笼型异步电动机单向连续控制线路。主电路由自动开关 QS、接触器 KM 的主触点、热继电器 FR 的热元件和电动机 M 构成。控制线路由热继电器 FR 的常闭触点、停止按钮 SB1、启动按钮 SB2、接触器 KM 的常开触点以及它的线圈组成。这是最基本的单向连续控制线路。

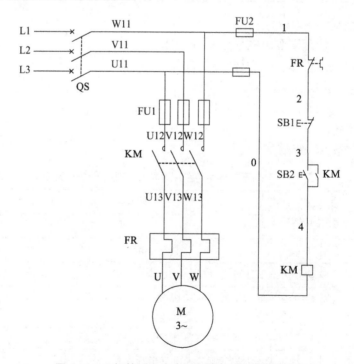

图 3-13  三相笼型异步电动机单向连续控制线路

1. 控制线路的工作原理

启动时，合上自动开关 QS，主电路引入三相电源。按下启动按钮 SB2，接触器 KM 的线圈通电，其常开主触点闭合，电动机接通电源开始全压启动，同时接触器 KM 的辅助常开触点闭合，使接触器线圈有两条通电路径。这样当松开启动按钮 SB2 后，接触器线圈仍能通过其辅助常开触点通电并保持吸合状态。这种依靠接触器本身辅助常开触点使其线圈保持通电的现象称作自锁。起自锁作用的触点称作自锁触点。

要使电动机停止运转，按停止按钮 SB1，接触器线圈失电，其主触点断开，从而切断电动机三相电源，电动机自动停车；同时接触器自锁触点也断开，控制回路解除自锁。松开停止按钮 SB1，控制线路又回到启动前的状态。

2. 控制线路的保护环节

（1）短路保护：

当控制线路发生短路故障时，控制线路应能迅速切除电源，自动开关可以完成主电路的短路保护任务，熔断器 FU1 完成控制线路的短路保护任务。

（2）过载保护：

电动机长期超载运行，会造成电动机绕组温升超过其允许值而损坏，通常要采取过载保护。过载保护的特点是：负载电流越大，保护动作时间越快；但不能受电动机启动电流影响而产生动作。

过载保护由热继电器 FR 完成。一般来说，热继电器热元件的额定电流按电动机额定电流来选取。由于热继电器热惯性很大，即使热元件流过几倍的额定电流，热继电器也不会立即动作。因此在电动机启动时间不长的情况下，热继电器是不会产生动作的。只有过载时间比较长时，热继电器才会产生动作，常闭触点 FR 断开，接触器 KM 线圈失电，其主触点 KM 断开主电路，电动机停止运转，实现了电动机的过载保护。

（3）零电压、欠电压和失电压保护：

在电动机正常运行时，如果因为电源电压的消失而使电动机停转，那么在电源电压恢复时电动机就可能自行启动；电动机的自启动可能会造成人身事故或设备事故。防止电源电压恢复时电动机自启动的保护也叫零电压保护。

在电动机正常运行时，电源电压过分降低会引起电动机转速下降和转矩降低。若负载转矩不变，电流过大，则会造成电动机停转和损坏。由于电源电压过分降低可能会引起一些电器释放电流，造成电路不正常工作，甚至产生事故，因此需要在电源电压下降达到最小允许的电压值时将电动机电源切除，这样的保护称作欠电压保护。

在图 3-13 所示电路中，其依靠接触器本身实现欠电压和失电压保护。当电源电压低到一定程度或失电时，接触器 KM 的电磁吸力小于反力，电磁机构会释放，主触点把主电源断开，电动机停转。这时如果电源恢复，由于控制线路失去自锁，电动机不会自行启动。只有操作人员再次按下启动按钮 SB2，电动机才会重新启动。

以上这三种保护是三相笼型异步电动机常用的保护环节，它对保证三相笼型异步电动机安全运行非常重要。

● 做中学

### 一、任务要求
（1）根据电气原理图，安装三相异步电动机单向连续控制线路。
（2）学会对线路进行检修。

### 二、任务评价
任务评价如表3-6所示。

表3-6 安装三相异步电动机单向连续控制线路任务评价表

| 任务名称 | 安装三相异步电动机单向连续控制线路 | 学生姓名 | | 学号 | | 组号 | | 班级 | | 日期 | |
|---|---|---|---|---|---|---|---|---|---|---|---|
| 项目内容 | \multicolumn{10}{c|}{评分标准} | 得分 |
| 熟悉工具 | \multicolumn{10}{l|}{熟知所备工具的使用方法（10分）} | |
| 安装 | \multicolumn{10}{l|}{1. 确保安装前电源切断（10分）} | |
| | \multicolumn{10}{l|}{2. 安装顺序正确，接线处接触良好（20分）} | |
| | \multicolumn{10}{l|}{3. 用万用表正确检查电路有无断路、短路故障（30分）} | |
| | \multicolumn{10}{l|}{4. 检查无误通知教师后通电试运行（10分）} | |
| 完成后 | \multicolumn{10}{l|}{规范整理所用器材（10分）} | |
| 文明生产、小组合作 | \multicolumn{10}{l|}{严格遵守安全规程、文明生产、规范操作；小组协作、共同完成（10分）} | |
| 总评 | | | | | | | | | | | |

## 项目三 | 三相异步电动机的正反转控制

● 任务描述

各种生产机械常常要求具有上下、左右、前后等相反方向的运动,如机床工作台的往复运动,就要求电动机能可逆运行。由电动机原理可知,三相异步电动机的三相电源进线中任意两相对调,电动机即可反向运转。因此,可借助接触器改变定子绕组相序来实现正反向的切换工作,其线路如图 3-14 所示。

当出现误操作,即同时按正反向启动按钮 SF2 和 SF3 时,若采用图 3-14 (a) 所示线路,将造成短路故障,如图 3-14 左侧虚线所示,因此正反向间需要有一种联锁关系。通常采用图 3-14 (b) 所示的电路,将其中一个接触器的常闭触点串入另一个接触器线圈电路中,则任一接触器线圈先带电后,即使按下相反方向按钮,另一接触器也无法得电。这种联锁通常称作互锁,即两者存在相互制约的关系。工程上通常还使用带有机械互锁的可逆接触器,进一步保证两者不能同时通电,提高可靠性。图 3-14 (b) 所示的电路要实现反转运行,必须先停止正转运行,再按反向启动按钮才行;反之亦然。所以,这个电路称作"正—停—反"控制。图 3-14 (c) 所示的电路可以实现不按停止按钮,直接按反向启动按钮就能使电动机反向工作。所以,这个电路称作"正—反—停"控制。

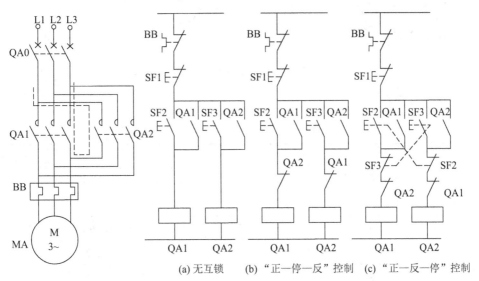

(a) 无互锁　(b) "正—停—反"控制　(c) "正—反—停"控制

图 3-14　正反向工作的控制线路

## 任务一  掌握接触器联锁正反转控制线路

### 一、学习目标

（1）了解电动机控制线路布线与配线及安装控制盘（板、箱、柜）的装配方法、注意事项，掌握控制盘上电器的安装规律。

（2）熟练掌握接触器联锁正反转控制线路的工作原理及其动作过程，正确检验各个元器件并能够准确安装接触器联锁正反转控制线路。

（3）能够进行常见故障的分析及排除。

### 二、所需设备、材料和工具

设备实物如图3-15所示。

图3-15  接触器联锁正反转控制设备实物图

所需设备、材料和工具如表3-7所示。

表3-7  所需设备、材料和工具

| 代号 | 名称 | 型号 | 规格 | 数量 |
| --- | --- | --- | --- | --- |
| M | 三相异步电动机 | Y-112M-4 | 4 kW，380 V，8.8 A，三角形接法，1 440 r/min | 1 |
| QS | 组合开关 | HZ10-25/3 | 三极，25 A | 1 |
| FU1 | 熔断器 | RL1-60/25 | 500 V，60 A，配熔体25 A | 3 |
| FU2 | 熔断器 | RL1-15/2 | 500 V，15 A，配熔体2 A | 2 |
| KM1、KM2 | 交流接触器 | CJ10-20 | 20 A，线圈电压380 V | 2 |
| FR | 热继电器 | JR16-20/3 | 三极，20 A，整定电流8.8 A | 1 |
| SB1、SB2、SB3 | 按钮 | LA4-31-1 | 保护式，500 V，5 A，按钮数3 | 3 |
| XT | 端子板 | JD0-10125 | 500 V，10 A，15节 | 1 |

## 三、学习内容

（一）接触器联锁正反转控制线路电气原理图

电气原理图如图 3-16 所示。

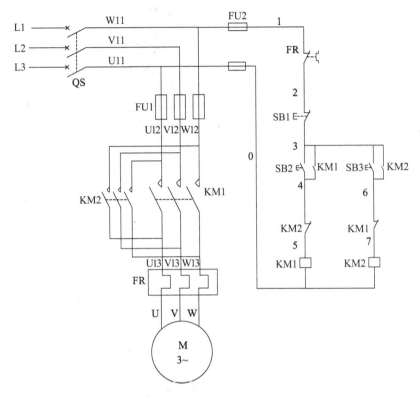

图 3-16　接触器联锁正反转控制线路电气原理图

（二）接触器联锁正反转控制线路电气元件布置图

电气元件布置图如图 3-17 所示。

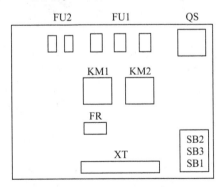

图 3-17　接触器联锁正反转控制线路电气元件布置图

（三）布线

1. 选用导线

选用导线的要求如下。

（1）导线的类型：硬线只能用于固定的元器件之间的连接，且导线截面积应小于

$0.5~\mathrm{mm}^2$。在有可能出现振动的场合或导线的截面积不小于 $0.5~\mathrm{mm}^2$ 时，必须采用软导线，如图 3-18 所示。

图 3-18　软导线

（2）导线的绝缘：导线必须绝缘良好，并应该具有抗化学腐蚀的能力，在特殊条件下工作的导线，必须同时满足使用条件的要求。

（3）导线的截面积：在必须能承受正常条件下流过的最大稳定电流的同时，还应考虑到线路允许的电压降、导线的机械强度与熔断器相配合。

2. 敷线方法

所有导线从一个端子到另一个端子的布线必须是连续的，中间不得有接头。有接头的地方应加装接线盒。接线盒的位置应便于安装与维修，而且必须加盖，盒内导线必须留有足够的长度，以便于拆线和接线。敷线时，对明露导线必须使其达到平直、整齐、走线合理等要求，如图 3-19 所示。

图 3-19　敷线图

3. 接线方法

所有导线的连接必须牢固，不得松动。在任何情况下，连接元器件必须与连接的导线截面积和材料性质相适应。

至于导线与端子的连接，一般一个端子只连接一根导线。有些端子不适合连接软导线时，应在导线端头上采用针形、叉形等冷压接线头。如果采用专门设计的端子，可以连接两根或多根导线，但导线的连接方式必须是工艺上成熟的各种方式，如夹紧、压接、焊接、绕接等。这些连接工艺应严格按照工艺要求进行。

导线的接头除必须采用焊接方法外，所有导线应当采用冷压接线头。如果电气设备在正常运行期间承受很大的震动，则不许采用焊接的接头，如图 3-20 所示。

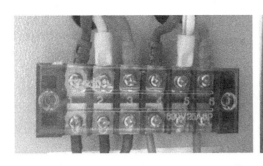 

图 3-20 接线图

4. 导线的标志

(1) 导线的颜色标志：

保护导线（PE）必须采用黄绿双色，动力电路的中性线（N）和中间线（M）必须是浅蓝色，交流或直流动力电路应采用黑色，交流控制电路采用红色，直流控制电路采用蓝色，用作控制电路联锁的导线必须与外边控制电路连接，而且当电源开关断开时仍带电的电路应采用橘黄色或黄色，与保护导线连接的电路采用白色。

(2) 导线的线号标志：

导线的线号标志应与原理图和接线图相符合，在每一根连接导线的线头上必须套上标有线号的套管，位置应接近端子处。线号的编制方法如下：

① 主电路。三相电源按相序自上而下编号 L1、L2、L3，经过电源开关后，在出线端子上按相序依次编号 U11、V11、W11。主电路中各支路的编号应从上自下、从左自右，每经过一个电气元件的接线端子后编号要递增，如 U11、V11、W11、U12、V12、W12……

② 控制电路与照明指示电路。应从上至下、从左至右，逐行用数字依次编号。每经过一个电气元件的接线端子，编号要依次递增。编号的起始数字除控制电路必须从零开始外，其他辅助电路依次递增 100 作起始数字，如照明电路编号从 101 开始，信号电路编号从 201 开始等。

(四) 配线

1. 控制箱（板）内部配线方法

一般采用能从正面配线的方法，如板前线槽配线或板前明线配线，较少采用板后配线的方法。采用线槽配线时，线槽装线不要超过容积的 70%，以便安装和维修。线槽外部的配线，对装在可拆卸门上的电气元件接线必须采用互连端子板或连接器，它们必须牢固固定在框架、控制箱或门上。

2. 控制箱（板、盘）外部配线方法

除有适当保护的电路外，全部配线必须一律装在导线通道内，使导线有适当的机械保护，防止液体、铁屑和灰尘的进入。

(五) 安装控制盘（板、箱、柜）

控制盘的尺寸应根据元器件的安排情况决定。

1. 元器件的安排

尽可能组装在一起，使其成为一台或几台控制装置。只有那些必须安装在特定位置上的元器件，如按钮、手动控制开关、位置传感器、离合器、电动机等，才允许分散安装在指定位置上。安放热元件时，必须使箱内所有元件的温升保持在它们的允许极限内。对发热很大的元器件，如电动机、制动电阻等，必须隔开安装，必要时可采用风冷。

2. 可接近性

所有电气元件必须安装在便于更换、检测方便的地方。为了便于维修或调整，箱内电气元件的部位必须位于离地 0.4~2 m 处。所有接线端子必须位于离地至少 0.2 m 处，以便于装拆导线。

3. 间隔和爬电距离

安排元器件必须符合规定的间隔和爬电距离，并应考虑有关的维修条件。

控制箱内的裸露、无电弧的带电零件与控制箱导体壁板间的间隙为：对于 250 V 以下的电压，间隙应不小于 15 mm；对于 250~500 V 的电压，间隙应不小于 25 mm。

4. 控制盘上元器件的安排

除必须符合上述有关要求外，还应做到：

（1）除了手动控制开关、信号灯和测量器件外，门（控制箱、柜）上不要安装任何元器件。

（2）由电源电压直接供电的元器件，最好装在一起，使其与只由控制电压供电的元器件分开。

（3）电源开关最好装在盘上右上方，其操作手柄应装在控制盘（箱、柜）前面或侧面。电源开关的上方最好不安装其他元器件，否则应把电源开关用绝缘材料盖住，以防电击。

（4）盘上元器件（如接触器、继电器等）应按电气原理图上的顺序，牢固安装在控制盘上，并在醒目处贴上各元器件相应的文字符号。

● 做中学

一、任务要求

（1）根据电气原理图安装接线。

（2）学会对线路排除故障、检修。

二、任务内容

1. 检验元件质量

（1）准备万用表：将万用表置于电阻挡（如 R×100 挡），欧姆调零。

（2）检查接触器线圈：将红黑两个表笔分别接触线圈两个端子处，检查其直流电阻的大小。

① 检查接触器主触点：将两个表笔分别接触主触点，压下接触器，万用表的指针应从无穷大指向零，另两个主触点的检查方法同。

② 检查接触器辅助触点：将两个表笔分别接触动断辅助触点，指针应指零。当压下接触器时，指针应从零指向无穷大。

(3) 检查热继电器：

① 检查热元件：将两个表笔分别接触热元件两个端子，指针应指零。

② 检查动断触点：将两个表笔分别接触动断触点两端，指针应指向零。

(4) 检查按钮开关：将两个表笔分别接触触点两端，用手按按钮帽，检查触点分合情况。

2. 安装电气元件

在控制板上按照布置图安装电气元件。

(1) 熔断器受电端应安装在控制板外侧。

(2) 各个电气元件的安装位置整齐、匀称，间距合理。紧固元件时用力均匀，在紧固熔断器、接触器等易碎电气元件时，应一边用螺丝刀旋紧地脚螺钉，一边用手轻轻摇动，直到摇不动为止。

3. 板前布线

按照电气原理图确定布线方向并布线。

4. 检验控制板布线

(1) 检查控制电路：将两个表笔分别接触 U11 和 V11 处，并分别按下按钮和压下接触器，万用表应指示接触器的直流电阻值。

(2) 检查主电路。

5. 连接电路

接外导线，连接电源和控制板。

6. 通电试运行

接通电源试运行。

### 三、常见故障分析及排除方法

常见故障分析及排除方法如表 3-8 所示。

表 3-8 常见故障分析及排除方法

| 故障 | 原因分析 | 排除方法 |
| --- | --- | --- |
| 按下 SB1 电动机不转 | QS 未合闸<br>FR 未复位<br>FU1 或 FU2 断路<br>SB1 按钮接触不良<br>KM1 线圈断路或主触点卡滞不吸合 | 合上 QS<br>恢复复位<br>检查断路并接通<br>排除或更换<br>排除或更换 |
| 按下 SB1 电动机正转，松开停止 | KM1 辅助常开触点未吸合形成自锁 | 排查线路 |
| 按下 SB2 电动机不能反转 | QS、FR、FU1、FU2、SB2 检查同上<br>KM2 线圈断路或主触点卡滞不吸合 | 检查<br>排除或更换 |
| 按 SB1 或 FU2 就烧坏 | KM1、KM2 线圈或其他部位短路 | 更换 |

## 四、任务评价

任务评价如表 3-9 所示。

表 3-9 安装接触器联锁正反转控制线路任务评价表

| 任务名称 | 安装接触器联锁正反转控制线路 | 学生姓名 | | 学号 | | 组号 | | 班级 | | 日期 | |
|---|---|---|---|---|---|---|---|---|---|---|---|
| 项目内容 | | 评分标准 | | | | | | | | 得分 | |
| 熟悉工具 | | 熟知所备工具的使用方法（10 分） | | | | | | | | | |
| 安装 | | 1. 安装前确保电源切断（10 分） | | | | | | | | | |
| | | 2. 安装顺序正确，接线处接触良好（20 分） | | | | | | | | | |
| | | 3. 用万用表正确检查电路有无断路、短路故障（30 分） | | | | | | | | | |
| | | 4. 检查无误通知教师后通电试运行（10 分） | | | | | | | | | |
| 完成后 | | 规范整理所用器材（10 分） | | | | | | | | | |
| 文明生产、小组合作 | | 严格遵守安全规程、文明生产、规范操作；小组协作、共同完成（10 分） | | | | | | | | | |
| 总评 | | | | | | | | | | | |

### 任务二　掌握双重联锁正反转控制线路

#### 一、学习目标

（1）掌握双重联锁正反转控制线路的工作原理。
（2）掌握双重联锁的工作原理及动作过程。
（3）培养实际操作能力，通过实践加深对理论的理解和应用。
（4）提高分析和解决问题的能力，学会独立思考，培养创新思维。

#### 二、学习内容

（一）三相异步电动机双重联锁正反转控制线路电气原理图

电气原理图如图 3-21 所示。

接触器和按钮双重联锁是一种安全及控制措施，用于确保电气设备的安全操作以及控制方式的转换。在这种配置中，两个接触器辅助常开触点形成互锁，通过电气或机械方式实现锁定，防止误操作，导致主回路短路。按钮利用复合按钮动作时"动断先断开，动合再闭合"的先后顺序，来实现正反转控制的直接切换。这种双重联锁机制提高了操作的安全性，防止了因操作失误导致的设备损坏或人身伤害；同时，也实现了正反转控制方式的直接切换，大大提高了生产效率。

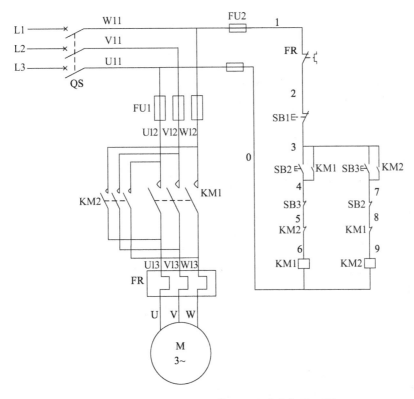

图 3-21 接触器联锁正反转控制线路电气原理图

(二) 三相异步电动机双重联锁正反转控制线路动作过程

1. 正转启动过程

闭合转换开关 QS，引入三相电源，按下正转启动按钮 SB2，KM1 线圈得电，然后串联在反转控制回路中的 KM1 辅助常闭触点断开使 KM2 线圈不能得电，形成互锁；KM1 辅助常开触点闭合形成自锁；同时，主回路中 KM1 主触点闭合，电动机 M 开始正转。

2. 反转启动过程

电动机 M 正在正转过程中，此时按下反转启动按钮 SB3，串联在正转控制回路中的按钮 SB3 常闭触点先断开，切断正转控制回路，KM1 所有触点复位。然后，按钮 SB3 动合触点再闭合，KM2 线圈得电，串联在正转控制回路中的 KM2 辅助常闭触点断开使 KM1 线圈不能得电，形成互锁；KM2 辅助常开触点闭合形成自锁；同时，主回路中 KM2 主触点闭合，电动机开始反转。

由反转到正转的切换只要按下正转控制按钮 SB2 即可实现。若要使电动机停止运行，只需按下停止按钮 SB1，此时电动机不论是正转还是反转，都会停止工作。

● 做中学

一、任务要求

（1）根据电气原理图安装接线。
（2）对线路进行检修、排除故障。

## 二、任务内容

1. 电气原理图的解读与理解

(1) 学习解读电气原理图，掌握图中符号及连接方式的含义。

(2) 分析电路工作原理，明确各元器件功能及作用。

(3) 根据电气原理图，准确识别电路主回路及控制回路。

2. 接线操作规范性

(1) 学习并掌握规范的接线操作方法，包括剥线、扭线、压接等。

(2) 实际操作中严格遵守电气安全规范，确保接线的准确性和安全性。

(3) 完成接线后，执行自检和互检程序，确保接线无误。

3. 故障诊断与维修技能

(1) 学习电气故障的常见类型及其成因。

(2) 掌握故障诊断的基本方法，如使用万用表进行电压、电流测量。

(3) 能够依据故障现象分析潜在原因，并执行相应的维修操作。

4. 实验报告的编写

(1) 任务结束后，编写实验报告，详细记录实验过程、结果及问题。

(2) 分析实验中遇到的问题，提出相应的解决策略。

(3) 总结实验经验，为未来电气安装与维护工作提供参考依据。

通过上述任务内容的学习与实践，学生将能够深入理解并掌握电气安装与维护的基础知识与技能，为未来相关领域的工作奠定坚实基础。

## 三、操作步骤

(1) 检验元器件质量：将任务所需的元器件填写到设备清单列表中（表3-10）。

表3-10 设备清单列表

| 代号 | 名称 | 型号 | 规格 | 数量 |
| --- | --- | --- | --- | --- |
|  |  |  |  |  |
|  |  |  |  |  |
|  |  |  |  |  |
|  |  |  |  |  |
|  |  |  |  |  |
|  |  |  |  |  |
|  |  |  |  |  |
|  |  |  |  |  |

(2) 安装电气元件：根据电气原理图，画出电气元件布置图。

(3) 在控制板上按照布置图安装电气元件。

(4) 检验控制板布线。

(5) 接外导线，连接电源和控制板。

(6) 通电试运行。

(7) 常见故障分析及排除。

在操作过程中，对出现的故障进行分析及排除，并将结果填到表 3-11 中。

表 3-11　故障清单列表

| 故障 | 原因分析 | 排除方法 |
|---|---|---|
|  |  |  |
|  |  |  |
|  |  |  |

## 四、任务评价

任务评价如表 3-12 所示。

表 3-12　安装双重联锁正反转控制线路任务评价表

| 任务名称 | 安装双重联锁正反转控制线路 | 学生姓名 | | 学号 | | 组号 | | 班级 | | 日期 | |
|---|---|---|---|---|---|---|---|---|---|---|---|
| 项目内容 | 评分标准 | | | | | | | | | 得分 | |
| 熟悉工具 | 熟知所备工具的使用方法（10 分） | | | | | | | | | | |
| 安装 | 1. 安装前确保电源切断（10 分） | | | | | | | | | | |
| | 2. 安装顺序正确，接线处接触良好（20 分） | | | | | | | | | | |
| | 3. 用万用表正确检查电路有无断路、短路故障（30 分） | | | | | | | | | | |
| | 4. 检查无误通知教师后通电试运行（10 分） | | | | | | | | | | |
| 完成后 | 规范整理所用器材（10 分） | | | | | | | | | | |
| 文明生产、小组合作 | 严格遵守安全规程、文明生产、规范操作；小组协作、共同完成（10 分） | | | | | | | | | | |
| 总评 | | | | | | | | | | | |

### 任务三　掌握三相异步电动机自动往复循环控制线路

#### 一、学习目标

（1）了解自动往复循环控制原理；掌握往返运动线路图分析、动作过程。
（2）对照线路图能实际接线实现往返运动。
（3）培养学生安全操作；养成良好的接线、检修习惯。

#### 二、学习内容

图 3-22 为最基本的自动往复循环控制线路，它是利用行程开关实现往复运动控制的，这通常称作行程控制。

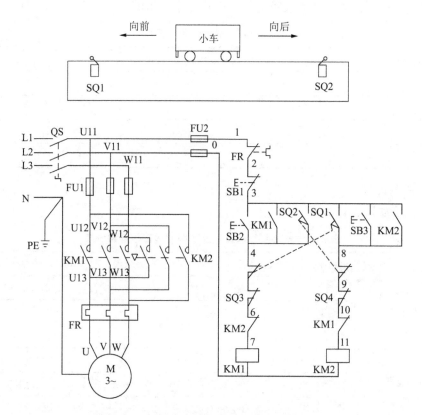

图 3-22 三相异步电动机自动往复循环控制线路

线路控制过程如下：

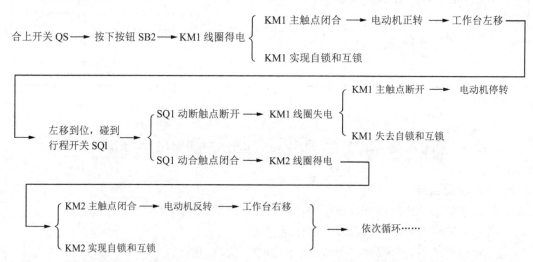

由上述控制情况可以看出，运动部件每经过一个自动往复循环，电动机要进行两次反接制动，会出现较大的反接制动电流和机械冲击。因此，这种电路只适用于电动机容量较小、循环周期较长、电动机转轴具有足够刚性的拖动系统中。另外，在选择接触器容量时应比一般情况下选择的容量大一些。

除了利用限位开关实现往复循环之外，还可以做限位保护，如图 3-22 中的 SQ3、SQ4 分别为左、右超限位保护用的行程开关。

机械式的行程开关容易损坏，现在多用接近开关或光电开关来取代行程开关实现行程控制。

● 做中学

### 一、任务要求
（1）掌握电动机的启动、停止和反转控制。
（2）学习如何通过控制线路实现电动机的自动循环控制。
（3）理解并运用行程开关在自动循环控制中的作用。
（4）培养在实际操作中对电动机进行安全操作和维护的技能。

### 二、任务内容

1. 安装步骤及工艺要求

（1）画出电气元件布置图和电气安装接线图。
（2）检查元器件好坏，确定无误后在板上安装。
（3）工艺要求：

① 接线时，按主、控电路分类集中，单层密排，紧贴安装面走线，同一平面的导线应高低一致或前后一致，不能交叉；非交叉不可时，该根导线应在接线端子引出时就水平架空跨越，且走线合理，线路要求横平竖直，转角转成直角。

② 接点不能松动，不能有反圈，不能露线心。

③ 按电气安装接线图布线并套好号码管。

（4）根据电气原理图检查布线是否正确。
（5）安装电动机。
（6）连接电动机和电气元件金属外壳的保护接地线。
（7）连接控制板外部的导线。
（8）自检。
（9）交实习教师检验、检查无误后通电试运行。

2. 注意事项

（1）熔断器接线一定要正确。
（2）安装完成电路后，要认真检查电路。
（3）通电试运行时，应先合上电源开关 QS，可手动控制按钮实现正反转控制，也可手动控制位置开关；在测试行程开关碰撞过程中，行程开关接线一定要正确。
（4）接触器联锁触点接线必须正确，否则会造成主电路中两相电源短路事故。
（5）在通电过程中，手不允许乱指；通电完毕后，要断开所有电源开关，才可离开。

3. 检修训练

（1）故障设置：在控制电路或主电路中设置电气自然故障两处。
（2）教师示范检修：教师示范检修时，可把下述检修步骤及要求贯穿其中，直到故障排除。

① 用试验法来观察故障现象，主要观察电动机的运行情况，接触器的动作情况和线路的工作情况等。

② 用逻辑分析法缩小故障范围，并在电路图上用虚线标出故障部位的最小范围。

③ 用测量法正确、迅速地找出故障点。

④ 根据故障点的不同情况，采取正确的修复方法，迅速排除故障。

⑤ 排除故障后通电试运行。

### 三、任务评价

任务评价如表 3-13 所示。

表 3-13 安装自动往复循环控制线路任务评价表

| 任务名称 | 安装自动往复循环控制线路 | 学生姓名 | | 学号 | | 组号 | | 班级 | | 日期 | |
|---|---|---|---|---|---|---|---|---|---|---|---|
| 项目内容 | 评分标准 | | | | | | | | | 得分 | |
| 熟悉工具 | 熟知任务所用工具的使用方法（10分） | | | | | | | | | | |
| 安装 | 1. 安装前确保电源切断（10分） | | | | | | | | | | |
| | 2. 安装顺序正确，接线处接触良好（20分） | | | | | | | | | | |
| | 3. 用万用表正确检查电路有无断路、短路故障（30分） | | | | | | | | | | |
| | 4. 检查无误通知教师后通电试运行（10分） | | | | | | | | | | |
| 完成后 | 规范整理所用器材（10分） | | | | | | | | | | |
| 文明生产、小组合作 | 严格遵守安全规程、文明生产、规范操作；小组协作、共同完成（10分） | | | | | | | | | | |
| 总评 | | | | | | | | | | | |

## 任务四 掌握三相异步电动机降压启动控制线路

较大容量的三相异步电动机（大于 10 kW）直接启动时，启动电流为其标称额定电流的 4~8 倍。启动电流较大，会对电网产生巨大冲击，所以一般都采用降压方式来启动。降压启动是如何实现的呢？

### 一、学习目标

（1）熟练掌握三相异步电动机星形-三角形自动降压启动线路的工作原理及其动作过程，正确检验各个元器件并能够准确安装三相异步电动机星形-三角形自动降压启动线路。

（2）能够进行常见故障的分析及排除的操作。

### 二、所需设备、材料和工具

所需设备、材料和工具如表 3-14 所示。

表 3-14 所需设备、材料和工具

| 代号 | 名称 | 型号 | 规格 | 数量 |
| --- | --- | --- | --- | --- |
| M | 三相异步电动机 | Y-132M-4 | 7.5 kW，380 V，15.4 A，三角形接法，1 440 r/min | 1 |
| FU1 | 熔断器 | RL1-60/35 | 60 A，配熔体 35 A | 3 |
| FU2 | 熔断器 | RL1-1.5/2 | 1.5 A，配熔体 2 A | 2 |
| KM、KM$_\triangle$、KM$_Y$ | 交流接触器 | CJ10-20 | 20 A，线圈电压 380 V | 3 |
| FR | 热继电器 | JR16-20，30 | 三极，20 A，整定电流 15.4 A | 1 |
| KF | 通电延时继电器 | JS7-2A | 线圈电压 380 V | 1 |
| SB1、SB2 | 按钮 | IA4-3H | 保护式，按钮数 3 | 2 |
| XT | 端子板 | JD0-10125 | 380 V，10 A，20 节，25 A，6 节 | 1 |
| — | 控制板 | 自制 | 50 mm×650 mm×500 mm | 1 |

### 三、学习内容

启动时降低加在电动机定子绕组上的电压，启动后再将电压恢复到额定值，使之在正常电压下运行。因电枢电流和电压成正比，所以降低电压可以减小启动电流，防止在电路中产生过大的电压降，减少对线路电压的影响。

降压启动方式有定子电路串电阻（或电抗）、星形-三角形、自耦变压器、延边三角形和使用软启动器等多种。其中，定子电路串电阻和延边三角形方法已基本不用，常用的方法是星形-三角形和使用软启动器降压启动。本部分重点讲述星形-三角形降压启动。

正常运行时定子绕组接成三角形的三相笼型异步电动机，可采用星形-三角形降压启动方式来限制启动电流。启动时将电动机定子绕组接成星形，加到电动机的每相绕组上的电压为额定值的 $1/\sqrt{3}$，从而减小了启动电流对电网的影响。当转速接近额定转速时，定子绕组改接成三角形，使电动机在额定电压下正常运转，图 3-23 所示为电动机定子绕组星形-三角形转换绕组连接示意图。

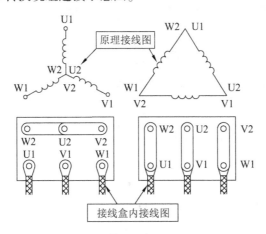

图 3-23 电动机定子绕组星形-三角形转换绕组连接示意图

时间继电器自动控制星形-三角形降压启动电路图如图 3-24 所示。这一线路的设计思想是按时间原则控制启动过程，待启动结束后按预先整定的时间换接成三角形接法。

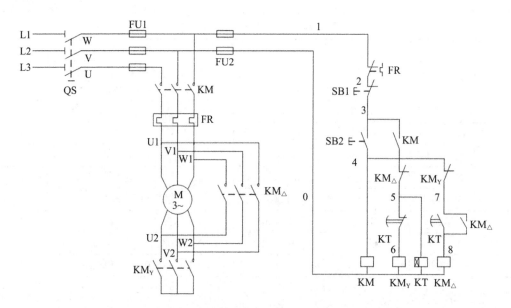

**图 3-24 时间继电器自动控制星形-三角形降压启动电路图**

该线路由三个接触器、一个热继电器、一个时间继电器和两个按钮组成。接触器 KM 用于引入电源,接触器 $KM_Y$ 和 $KM_\triangle$ 分别用于星形降压启动和三角形运行,时间继电器 KT 用于控制星形降压启动时间和完成星形-三角形自动切换。SB1 是启动按钮,SB2 是停止按钮,FU1 用于主电路的短路保护,FU2 用于控制电路的短路保护,KH 用于过载保护。

降压启动:先合上电源开关 QF。

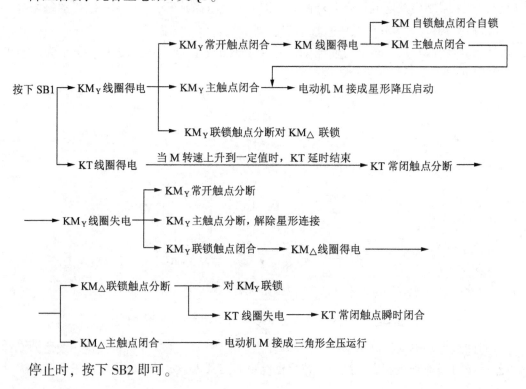

停止时,按下 SB2 即可。

该线路中,接触器 $KM_Y$ 得电以后,通过 $KM_Y$ 的辅助常开触点使接触器 KM 得电产生动作,这样 $KM_Y$ 的主触点是在无负载的条件下进行闭合的,故可延长接触器 $KM_Y$ 主触点的使用寿命。

星形-三角形降压启动的优点是星形启动电流降为原来三角形接法直接启动时的 1/3,启动电流约为电动机额定电流的 2 倍左右,启动电流特性好、结构简单、价格低。缺点是启动转矩相应也下降为原来三角形接法直接启动时的 1/3,转矩特性差。因而本线路适用于电动机空载或轻载启动的场合。

三相异步电动机的启动线路比较简单,不需要增加额外启动设备;但其启动电流冲击一般很大,启动转矩较小而且固定不可调。电动机停机时都是控制接触器触点断开,切掉电动机电源,电动机自由停车,这样也会造成剧烈的电网波动和机械冲击。在直接启动方式下,启动电流为额定值的 4~8 倍,启动转矩为额定值的 0.5~1.5;在定子绕组串电阻降压启动方式下,启动电流为额定值的 4.5 倍,启动转矩为额定值的 0.5~0.75;在星形-三角形启动方式下,启动电流为额定值的 1.8~2.6 倍,在星形-三角形切换时也会出现电流冲击,且启动转矩为额定值的 0.5;而自耦变压器降压启动,启动电流为额定值的 1.7~4 倍,在电压切换时会出现电流冲击,启动转矩为额定值的 0.4~0.85。因而上述这些方法经常用于对启动特性要求不高的场合。

在一些对启动要求较高的场合,可选用软启动装置。它采用电子启动方法,其主要特点是具有软启动和软停车功能,启动电流、启动转矩可调节,另外还具有电动机过载保护等功能。

## ● 做中学

### 一、任务要求

(1) 能正常使用常用的电工工具检测元器件好坏。
(2) 安装布线要整齐,连接要可靠。
(3) 按线路图正确接线,要求配线长度适度,不能出现压皮、露铜等现象。
(4) 线路功能正常,通电测试无短路现象,能实现任务要求的功能。
(5) 测试完成后,通过实验报告对操作过程进行梳理和总结,并能够分析操作步骤。

### 二、任务内容

1. 检验元件质量

(1) 准备万用表:将万用表置于电阻挡(如 R×100 挡),欧姆调零。
(2) 检查接触器线圈:将红黑两个表笔分别接触线圈两个端子处,检查其直流电阻的大小。

① 检查接触器主触点:将两个表笔分别接触主触点,压下接触器,万用表的指针应从无穷大指向零,另两个主触点的检查方法相同。

② 检查接触器辅助触点:将两个表笔分别接触动断辅助触点,指针应指零。当压下接触器时,指针应从零指向无穷大。

(3) 检查热继电器：

① 检查热元件：将两个表笔分别接触热元件两个端子，指针应指零。

② 检查动断触点：将两个表笔分别接触动断触点两端，指针应指向零。

(4) 检查按钮开关：将两个表笔分别接触触点两端，用手按按钮帽，检查触点分合情况。

2. 安装电气元件

在控制板上按照布置图安装电气元件。

(1) 熔断器受电端应安装在控制板外侧。

(2) 各个电气元件的安装位置整齐、匀称，间距合理。紧固元件时用力均匀，在紧固熔断器、接触器等易碎电气元件时，应一边用螺丝刀旋紧地脚螺钉，一边用手轻轻摇动，直到摇不动为止。

3. 板前布线

按照电气原理图确定布线方向并布线。

4. 检验控制板布线

(1) 检查控制回路接线：将两个表笔分别接触 U11 和 V11 处，按下启动按钮，观察万用表的情况，用万用表检测有无短路、断路现象；按下接触器，观察接触器的自锁情况。

(2) 检查主电路接线：用万用表检测有无短路、断路情况。

5. 接外导线

外导线接至接线端子排。

6. 通电试运行

接通电源试运行。

### 三、常见故障分析及排除方法

常见故障分析及排除方法如表 3-15 所示。

表 3-15 常见故障分析及排除方法

| 故障 | 原因分析 | 排除方法 |
| --- | --- | --- |
| 按下 SB2 不能启动 | QS 未合闸<br>FR 未复位<br>FU1 或 FU2 断路<br>SB2 按钮接触不良<br>$KM_Y$ 线圈断路<br>KT 时间继电器动断触点未复位<br>KM 或 $KM_Y$ 主触点卡滞不能吸合 | 合上 QS<br>按复位使 FR 复位<br>检查断路并接通<br>排除或更换<br>更换<br>排除或更换 KT<br>排除或更换 |
| 能启动但不能转换为三角形接法运行 | 延时继电器 KT 损坏<br>$KM_\Delta$ 卡住 | 更换排除 |
| 星形-三角形转换时间过长或过短 | KT 时间设定不对 | 重新调整 |
| 一按 SB2，FU2 熔断 | KT、KM、$KM_Y$ 线圈或其他部位短路 | 更换 |

## 四、任务评价

任务评价如表 3-16 所示。

表 3-16 安装降压启动控制线路任务评价表

| 任务名称 | 安装降压启动控制线路 | 学生姓名 | 学号 | 组号 | 班级 | 日期 |
|---|---|---|---|---|---|---|
| 项目内容 | 评分标准 | | | | | 得分 |
| 熟悉工具 | 熟知任务所用工具的使用方法（10分） | | | | | |
| 安装 | 1. 安装前确保电源切断（10分） | | | | | |
| | 2. 安装顺序正确，接线处接触良好（20分） | | | | | |
| | 3. 用万用表正确检查电路有无断路、短路故障（30分） | | | | | |
| | 4. 检查无误通知教师后通电试运行（10分） | | | | | |
| 完成后 | 规范整理所用器材（10分） | | | | | |
| 文明生产、小组合作 | 严格遵守安全规程、文明生产、规范操作；小组协作、共同完成（10分） | | | | | |
| 总评 | | | | | | |

● 思政课堂

### 电机的百年发展史

1. 理论准备与探索

1820 年 7 月 21 日，丹麦哥本哈根大学教授、物理学家奥斯特发现了电流的磁效应，建立了电磁的相互联系，由此诞生了电磁学。

1821 年，英国著名物理学家法拉第制成了第一个实验电机的模型。1822 年，法拉第证明电可以做功运动，人类由此进入电气时代。随着第一台实用发电机的成功发明，第二次工业革命拉开序幕。后续法拉第又在 1831 年发现了电磁感应现象，此外他还发现了电解定律，对气体放电现象进行了大量的卓有成效的研究，为后来 X 射线、天然放射性、同位素等的发现提供了条件，为现代物理学的发展奠定了基础。在电磁学的研究过程中，他创造了诸如抗磁性、顺磁性、电介质、力线、阴离子、阳离子等新词汇，提出了"场"的概念。

法拉第制造了第一台实验性电动机、发电机和第一台变压器，研究过气体的液化、光学、电化学，是名副其实的"电学之父"及"交流电之父"。

2. 电动机的发展趋势

目前，我国电动机产业经过多年的发展，特别是在改革开放后，取得了显著的进步。电动机已成为机械装备上不可或缺的组件之一。在全球降低能耗的背景下，高效节能电动机成为全球电动机产业发展的共识。

（1）在节能减排的框架下，高效节能电动机是电动机产业发展的必然方向，高效节能电动机将带动产业链实现快速发展。高效节能电动机将把我国工业推向一个新的高度，助力"中国制造2025"目标的达成。就行业而言，小电动机制造行业将会向规模化、标准化和自动化方向发展，而大中型电动机制造行业却向单机容量不断增大、要求特殊化、多样化、定制化的方向发展。

（2）电动机形式更加多样，逐渐向专用性方向发展。我国现在工业发展的要求及人民群众对于生活质量的要求使得对电动机的需求更加多样，同时过去同样的电动机分别用于不同负载类型、不同使用场合的局面将会被打破，电动机将会更偏向专用场景化。

（3）电动机的构造必将更加地小巧、精细。未来智慧城市以及工业自动化的发展对于智能机器人以及自动化设备的需求将会明显增加，预计未来智能机器人以及自动化设备将会得到大规模发展。其运行必然需要电动机的驱动，这些精细的操作对于电动机的要求也会偏向小巧、精致。

# 单元四　PLC 在电动机控制中的应用

美国汽车工业生产技术要求的发展促进了 PLC 的产生。20 世纪 60 年代，美国通用汽车公司在对工厂生产线进行调整时，发现继电器、接触器控制系统存在修改难、体积大、噪声大、维护不方便以及可靠性差等问题，于是提出了著名的"通用十条"招标指标。

1969 年，美国数字化设备公司研制出自己的第一台 PLC——PDP-14，在通用汽车公司的生产线上试用后，效果显著；1971 年，日本研制出自己的第一台 PLC——DCS-8；1973 年，德国研制出自己的第一台 PLC；1974 年，我国开始研制 PLC；1977 年，我国在工业应用领域推广 PLC。研制 PLC 最初的目的是替代机械开关装置（继电模块）。然而，自从 1968 年以来，PLC 的功能逐渐代替了继电器控制板，现代 PLC 具有更多的功能。其用途从单一过程控制延伸到整个制造系统的控制和监测。

制药企业在生产的过程中，需要进行一套复杂的工序，其制药设备的运行需要经历多项生产步骤：首先是配药、制剂的准备，接着是包衣、干燥、灭菌、封装的过程，最后还要对废弃物进行统一的处理。为了使设备的运行实现自动化，需要将这些生产步骤编写到 PLC 系统中，将生产步骤编写为程序，从而实现药品制造的自动化生产流程，PLC 技术还会对这一过程进行智能控制，保证生产过程的有效性。PLC 还可以对药品生产中的参数实行闭环控制，这些参数包括温度、流量、质量以及压力等，通过严格把控这些参数的参量，可以保证药品生产流程的高效性以及药品的质量与安全。

PLC 技术是一项智能化的生产技术，将其应用在制药设备中，可以有效地优化药品生产的流程，还能实现药品生产的自动化，保证药品的质量，提高企业的经济效益。通过对 PLC 系统运行原理的分析，可以更好地掌握 PLC 技术在制药设备中应用的步骤以及技术要点，使这项技术在应用的过程中可以收到更好的效果。

## 项目一　PLC 的硬件与软件

● 知识储备

### 一、PLC 学习的特点

1. 编程方法简单易学

梯形图是使用最广的 PLC 编程语言，其电路符号和表达方式与继电器电路原理图相似，梯形图语言形象直观，易学易懂。

梯形图语言实际上是一种面向用户的高级语言，编程软件将它编译成数字代码，然后下载到 PLC 去执行。

## 2. 功能强，性价比高

一台小型 PLC 内有成百上千个可供用户使用的编程元件，有很强的功能，可以实现非常复杂的控制功能。与功能相同的继电器系统相比，具有很高的性价比。PLC 还可以通过通信联网，实现分散控制，集中管理。

## 3. 硬件配套齐全，用户使用方便，适应性强

PLC 产品已经标准化、系列化、模块化，配备有品种齐全的各种硬件装置供用户选用，用户能灵活方便地进行系统配置，组成不同功能和不同规模的系统。PLC 的安装接线也很方便，一般用接线端子连接外部接线。PLC 有较强的带负载能力，可以直接驱动小型电磁阀和小型交流接触器。硬件配置确定后，可以通过修改用户程序，方便快速地适应工艺条件的变化。

## 4. 可靠性高，抗干扰能力强

传统的继电器控制系统使用了大量的中间继电器和时间继电器，由于触点接触不良，容易出现故障。PLC 用软件代替大量的中间继电器和时间继电器，仅剩下与输入和输出有关的少量硬件元件，硬件接线比继电器控制系统少得多，因触点接触不良造成的故障大为减少。

PLC 采取了一系列硬件和软件抗干扰措施，具有很强的抗干扰能力，平均无故障时间达到数万小时，可以直接用于有强烈干扰的工业生产现场，PLC 已被广大用户公认为最可靠的工业控制设备之一。

## 5. 系统的设计、安装、调试工作量少

PLC 用软件功能取代了继电器控制系统中大量的中间继电器、时间继电器、计数器等元器件，使控制柜的设计、安装、接线工作量大大减少。

PLC 的梯形图程序一般用顺序控制设计法来设计。这种编程方法很有规律，很容易掌握。对于复杂的控制系统，设计梯形图的时间比设计相同功能的继电器系统电路图的时间要少得多。

PLC 的用户程序可以在实验室模拟调试，输入信号用小开关来模拟，通过 PLC 上的发光二极管可以观察输出信号的状态。完成系统的安装和接线后，在现场的统调过程中发现的问题一般通过修改程序就可以解决，系统的调试时间比继电器系统少得多。

## 6. 维修工作量少，维修方便

PLC 的故障率很低，且有完善的自诊断和显示功能。PLC 或外部的输入装置和执行机构发生故障时，可以根据 PLC 上的发光二极管或编程器提供的信息迅速地查明故障的原因，用更换模块的方法可以迅速地排除故障。

## 7. 体积小，能耗低

复杂的控制系统使用 PLC 后，可以大量减少中间继电器和时间继电器的数量，小型 PLC 的体积仅相当于几个继电器的大小，因此可将开关柜的体积缩小到原来的 $1/10 \sim 1/2$。

PLC 的配线比继电器控制系统的配线少得多，故可以省下大量的配线和附件，减少安装接线工时，加上开关柜体积的缩小，可以节省大量的费用。

## 二、PLC 的应用领域

在国内外，PLC 已经广泛地应用在所有的工业部门，随着其性价比的不断提高，应

用范围不断扩大,主要有以下几个方面。

1. 数字量逻辑控制

PLC 用"与""或""非"等逻辑指令来实现触点和电路的串、并联,代替继电器进行组合逻辑控制、定时控制与顺序逻辑控制。数字量逻辑控制可以用于单台设备,也可以用于自动生产线,其应用领域已遍及各行各业,甚至深入家庭。

2. 运动控制

PLC 使用位置控制指令或专用的运动控制模块,对直线运动或圆周运动的位置、速度和加速度进行控制,有的可以实现单轴、双轴、三轴和多轴位置控制,使运动控制与顺序控制功能有机地结合在一起。PLC 的运动控制功能广泛地用于各种机械设备,如金属切削机床、金属成形机械、装配机械、机器人、电梯等场合。

3. 闭环过程控制

闭环过程控制是指对温度、压力、流量等连续变化的模拟量的闭环控制。PLC 通过模拟量 I/O 模块,实现模拟量(analog)和数字量(digital)之间的 A/D 转换和 D/A 转换,并对模拟量实行闭环比例—积分—微分(PID)控制。其 PID 闭环控制功能已经广泛地应用于塑料挤压成形机、加热炉、热处理炉、锅炉等设备,以及轻工、化工、机械、冶金、电力、建材等行业。

4. 数据处理

现代的 PLC 具有数学运算(包括四则运算、矩阵运算、函数运算、字逻辑运算、循环运算、移位运算、浮点数运算等)、数据传送、转换、排序和查表、位操作等功能,可以完成数据的采集、分析和处理。这些数据可以与储存在存储器中的参考值比较,也可以用通信功能传送到别的智能装置,或者将它们打印制表。

5. 通信联网

PLC 的通信包括主机与远程 I/O 之间的通信、多台 PLC 之间的通信、PLC 与其他智能控制设备(如计算机、变频器、数控装置)之间的通信。PLC 与其他智能控制设备一起,可以组成"集中管理、分散控制"的分布式控制系统。

## 任务一  认识 PLC 的硬件

### 一、学习目标

(1) 了解 PLC 的硬件组成及各部分功能。
(2) 掌握 PLC 输入和输出端子的分布。

### 二、所需设备、材料和工具

所需设备、材料和工具如表 4-1 所示。

表 4-1  所需设备、材料和工具

| 名称 | 规格 | 单位 | 数量 |
| --- | --- | --- | --- |
| PLC | S7-1200 型 | 个 | 1 |
| 计算机 | — | 台 | 1 |

续表

| 名称 | 规格 | 单位 | 数量 |
|---|---|---|---|
| 交流接触器 | CJ20-20 | 个 | 1 |
| 热继电器 | JR16 | 个 | 1 |
| 按钮 | — | 个 | 红、绿各1 |
| 电工常用工具 | — | 套 | 1 |
| 导线 | — | — | 若干 |

### 三、学习内容

（一）PLC 的基本概念

PLC（programmable logic controller）是可编程逻辑控制器的英文简称，它是基于微处理器的通用工业控制装置。PLC 能执行各种形式和各种级别的复杂控制任务，它应用面广、功能强大、使用方便，是当代工业自动化的主要支柱之一。PLC 对用户友好，不熟悉计算机但是熟悉继电器系统的人能很快学会用 PLC 来编程和操作。PLC 已经广泛地应用在各种机械设备和生产过程的自动控制系统中，在其他领域的应用也得到了迅速的发展。

IEC 在 1987 年的 PLC 标准草案第 3 稿中，对 PLC 作出如下定义：可编程逻辑控制器是一种数字运算操作电子系统，专为在工业环境下应用而设计。它采用了可编程序的存储器，用来在其内部存储执行逻辑运算、顺序控制、定时、计数和算术运算等操作的指令，并通过数字或模拟进行输入和输出，控制各种类型的机械或生产过程。可编程逻辑控制器及其有关的外围设备，都应按易于与工业控制系统形成一个整体、易于扩充其功能的原则设计。从上述定义可以看出，PLC 是一种用程序来改变控制功能的工业控制计算机，除了能完成各种各样的控制功能外，还有与其他计算机通信联网的功能。

（二）PLC 硬件的基本结构

PLC 的外形和控制系统示意图如图 4-1 和图 4-2 所示。PLC 的硬件主要由中央处理器（CPU）、输入模块、输出模块、通信接口、电源等部分组成。其中，CPU 是 PLC 的核心，输入、输出模块是连接现场输入、输出设备与 CPU 之间的接口电路，通信接口用于与编程器、上位计算机等外设连接。

图 4-1　S7-1200 型 PLC 外形图

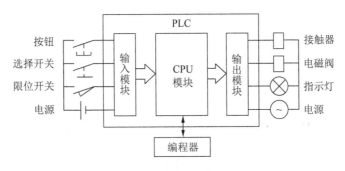

图 4-2　PLC 控制系统示意图

## 1. CPU

CPU 主要由微处理器（CPU 芯片）和存储器组成。CPU 模块连接图如图 4-3 所示。

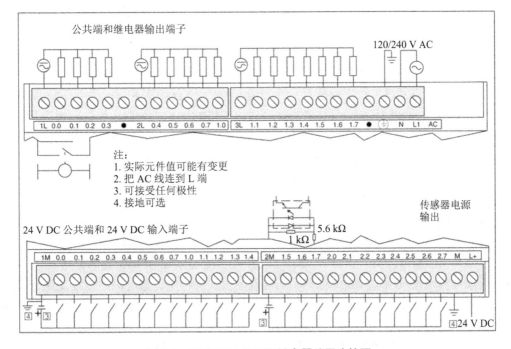

图 4-3　CPU226 AC/DC/继电器端子连接图

（1）CPU 芯片：在 PLC 控制系统中，CPU 芯片相当于人的大脑和心脏，它不断地采集输入信号，执行用户程序，刷新系统的输出。

（2）存储器：用来储存程序和数据。存储器分为系统程序存储器和用户程序存储器。系统程序相当于个人计算机的操作系统，它使 PLC 具有基本的智能，能够完成 PLC 设计者规定的各种工作。系统程序由 PLC 生产厂家设计并固化在只读存储器（ROM）中，用户不能读取。用户程序由用户设计，它使 PLC 能完成用户要求的特定功能。

PLC 使用以下几种物理存储器。

① 随机存取存储器（RAM）：用户可以用编程装置读出 RAM 中的内容，也可以将用户程序写入 RAM，因此 RAM 又叫读/写存储器。它是易失性的存储器，在电源中断

后，储存的信息将会丢失。

RAM 的工作速度快、价格便宜、改写方便。在关断 PLC 的外部电源后，可以用锂电池保存 RAM 中的用户程序和某些数据。锂电池可以用 1~3 年，需要更换锂电池时，PLC 发出信号，通知用户。现在部分 PLC 仍用 RAM 来储存用户程序。

② 只读存储器（ROM）：ROM 的内容只能读出，不能写入。它是非易失性的存储器，在电源中断后仍能保存储存的内容。ROM 用来存放 PLC 的系统程序。

③ 可以电擦除可编程的只读存储器（EEPROM）：EEPROM 是非易失性的存储器，但是可以用编程装置对它进行访问，兼有 ROM 的非易失性和 RAM 的随机存取优点，但是写入信息所需的时间比 RAM 长得多。EEPROM 用来存放用户程序和需要长期保存的重要数据。

S7-1200 型 PLC 的 CPU 存储器系统由 RAM 和 EEPROM 两种存储器构成，用以存储用户程序、CPU 组态（配置）、程序数据等。当执行程序下载操作时，用户程序、CPU 组态（配置）、程序数据等由编程器送入 RAM 的存储区，并自动拷贝到 EEPROM，永久保存。

当系统掉电时，RAM 中 M 和 V 存储器的内容将自动保存到 EEPROM 存储器。

当系统上电恢复时，用户程序及 CPU 组态（配置）自动从 EEPROM 的永久保存区送回到 RAM 中，如果 M 和 V 存储器的内容丢失，EEPROM 永久保存区的数据会复制到 RAM 中去。

执行 PLC 的上载操作时，RAM 和 EEPROM 中数据块合并后上载到计算机。

2. 输入模块和输出模块（I/O 模块）

输入（input）模块和输出（output）模块简称为 I/O 模块，它们是系统的眼、耳、手、脚，是联系外部现场设备和 CPU 的桥梁。

输入模块用来接收和采集输入信号。开关量输入模块用来接收从按钮、选择开关、数字拨码开关、限位开关、接近开关、光电开关、压力继电器等处来的开关量输入信号；模拟量输入模块用来接收电位器、测速发电机和各种变送器提供的连续变化的模拟量电流电压信号。输出模块用来控制输出设备和执行装置。开关量输出模块用来控制接触器、电磁阀、电磁铁、指示灯、数字显示装置和报警装置等输出设备；模拟量输出模块用来控制调节阀、变频器等执行装置。

各 I/O 点的通/断状态用发光二极管（LED）显示，外部接线一般接在模块面板的接线端子上。某些模块使用可以拆卸的插座型端子板，不用断开端子板上的外部接线就可以迅速地更换模块。

(1) 输入模块：

图 4-4 是某直流输入模块的内部电路和外部接线图，图中只画出了一路输入电路，输入电流为数毫安，1M 是同一组输入点各内部输入电路的公共点。输入电路可以使用外接的 DC 24 V 电源，也可以使用 CPU 提供的 DC 24 V 电源，后者还可以作为接近开关等传感器的电源。

当图 4-4 中的外部触点接通时，光耦合器中两个反并联的发光二极管中的一个亮起，光敏三极管饱和导通；当外部触点断开时，光耦合器中的发光二极管熄灭，光敏三极管截止，信号经内部电路传送给 CPU。显然，可以改变图 4-4 中输入电路的电源极性。

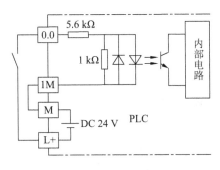

图 4-4 输入电路

(2) 输出模块:

S7-1200 型 PLC 的 CPU 数字量输出电路的功率元件有驱动直流负载的场效应管和小型继电器。后者既可以驱动交流负载,也可以驱动直流负载,负载电源由外部提供。

图 4-5 是继电器输出电路,继电器同时起隔离和功率放大作用,每一路只有一对常开触点。与触点并联的 RC 电路和压敏电阻用来消除触点断开时产生的电弧。

图 4-6 是使用场效应管(MOSBET)的输出电路。输出信号送给内部电路中的输出锁存器,再经光耦合器送给场效应管,后者的饱和导通状态和截止状态相当于触点的接通和断开。图 4-6 中的稳压管用来抑制关断过电压和外部的浪涌电压,以保护场效应管,场效应管输出电路的工作频率可达 20~100 kHz。

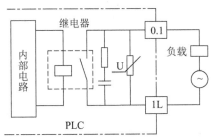

图 4-5 继电器输出电路    图 4-6 场效应管输出电路

S7-1200 型 PLC 的 CPU 数字量扩展模块中还有一种用双向晶闸管作输出元件的 AC 230 V 的输出模块。每点额定输出电流为 0.5 A,灯负载为 60 W,最大漏电流为 1.8 mA,从接通到断开的最大时间为 0.2 ms 加上工频电源的半周期 10 ms。输出电流的额定值与负载性质有关,例如 S7-1200 型 PLC 的继电器输出电路可以驱动 2 A 的电阻性负载,但是只能驱动 200 W 的白炽灯。输出电路一般分为若干组,对每一组的总电流也有限制。

CPU 的工作电压一般是 5 V,而 PLC 的输入、输出信号电压较高,如 DC 24 V 和 AC 220 V。从外部引入的尖峰电压和干扰噪声可能损坏 CPU 中的元器件,或使 PLC 不能正常工作。在 I/O 模块中,用光耦合器、小型继电器等器件来隔离 PLC 的内部电路和外部的 I/O 电路。I/O 模块除了传递信号外,还有电平转换与隔离的作用。

3. 编程器与编程软件

编程器用来生成用户程序,并可编辑、检查、修改用户程序,同时监视用户程序的执行情况。手持式编程器不能直接输入和编辑梯形图,只能输入和编辑指令表程序。它体积小,价格便宜,一般用来给小型 PLC 编程,或者用于现场调试和维护。

现在的发展趋势是用编程软件取代手持式编程器,西门子 PLC 的用户手册和产品目录中已经没有手持式编程器。使用编程软件可以在计算机屏幕上直接生成和编辑梯形图、功能块图和指令表程序,不同编程语言之间可以相互转换。程序被编译后可下载到 PLC,也可以将 PLC 中的程序上载到计算机,程序可以存盘或打印。

给 S7-1200 型 PLC 编程时,应配备一台安装有 STEP 7-Micro/WIN 编程软件的计算机和一根连接计算机与 PLC 的 PC/PPI 通信电缆或 PPI 多主站电缆。

4. 电源

S7-1200 型 PLC 分为 AC 220 V 电源型和 DC 24 V 电源型。内部的开关电源为各模块提供不同电压等级的直流电源。小型 PLC 可以为输入电路和外部的电子传感器(如接近开关)提供 DC 24 V 电源,驱动 PLC 负载的直流电源一般由用户提供。

(三) PLC 硬件的类型

根据硬件结构的不同,PLC 可以分为整体式和模块式。

1. 整体式 PLC

整体式又叫作单元式或箱体式,它的体积小、价格低,小型 PLC 一般采用整体式结构。

整体式 PLC 将 CPU、I/O 模块和电源装在一个箱形机壳内,S7-1200 型 PLC 的 CPU 外形图如图 4-7 所示。图中的前盖下面有工作模式选择开关、模拟电位器和扩展模块连接器。S7-1200 型 PLC 提供多种具有不同 I/O 点数的 CPU 模块和数字量、模拟量 I/O 扩展模块供用户选用。CPU 模块和扩展模块用扁平电缆连接,可以选用全输入型或全输出型的数字量 I/O 扩展模块来改变输入点数和输出点数的比例。

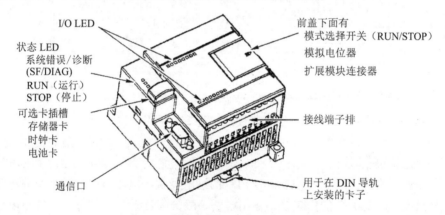

图 4-7 S7-1200 型 PLC 的 CPU 外形图

整体式 PLC 还配备有许多专用的特殊功能模块,如模拟量 I/O 模块、热电偶模块、热电阻模块和通信模块等,使 PLC 的功能得到扩展。

2. 模块式 PLC

大、中型 PLC 一般采用模块式结构,图 4-8 是西门子 S7 系列 PLC 的 CPU 外形图,它由机架和模块组成。模块插在模块插座上,后者焊在机架中的总线连接板上,有不同槽数的机架供用户选用。如果一个机架容纳不下选用的模块,可以增设一个或数个扩展机架,各机架之间用接口模块和电缆相连。用户可以选用不同档次的 CPU、品种繁多的

I/O 模块和特殊功能模块，对硬件配置的选择余地较大，维修时更换模块也很方便。

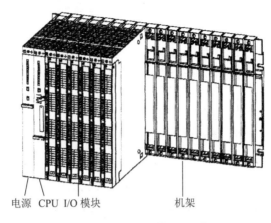

图 4-8　S7 系列 PLC 的 CPU 外形图

整体式 PLC 每一个 I/O 点的平均价格比模块式的便宜，小型控制系统一般采用整体式结构。但是模块式 PLC 的硬件组态方便灵活，I/O 点数的多少、输入点数与输出点数的比例、I/O 模块的种类和块数、特殊 I/O 模块的使用等方面的选择余地都比整体式 PLC 大得多，维修时更换模块、判断故障范围也很方便，因此较复杂的、要求较高的系统一般选用模块式 PLC。

(四) PLC 的工作原理

1. PLC 的工作模式

PLC 有两种工作模式，即 RUN（运行）模式与 STOP（停止）模式。

在 RUN 模式，通过执行反映控制要求的用户程序来实现控制功能。在 CPU 模块的面板上用 "RUN" LED 显示当前的工作模式。

在 STOP 模式，CPU 不执行用户程序，可以用编程软件创建和编辑用户程序，设置 PLC 的硬件功能，并将用户程序和硬件设置信息下载到 PLC。

如果有致命错误，在消除它之前不允许从 STOP 模式进入 RUN 模式。PLC 操作系统储存非致命错误供用户检查，但是不会从 RUN 模式自动进入 STOP 模式。

2. 用模式开关改变工作模式

CPU 模块上的模式开关在 STOP 位置时，将停止用户程序的运行；在 RUN 位置时，将启动用户程序的运行。模式开关在 STOP 或 TERM（terminal，终端）位置时，电源通电后 CPU 自动进入 STOP 模式；在 RUN 位置时，电源通电后自动进入 RUN 模式。也可以用 STEP 7-Micro/WIN 编程软件改变工作模式，或在程序中插入 STOP 指令，使 CPU 由 RUN 模式进入 STOP 模式。

(五) PLC 的工作过程

PLC 通电后，首先对硬件和软件进行一些初始化操作。为了使 PLC 的输出及时地响应各种输入信号，初始化后 CPU 反复不停地分阶段处理各种不同的任务（图 4-9），这种周而复始的循环工作模式称为扫描工作模式。

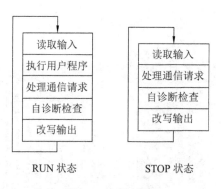

图 4-9 扫描过程

1. 读取输入

PLC 的存储器设置了一片区域来存放输入信号和输出信号的状态，它们分别称为输入过程映像寄存器和输出过程映像寄存器。CPU 以字节（8 位）为单位来读写输入、输出过程映像寄存器。在读取输入阶段，PLC 把所有外部数字量输入电路的 I/O 状态（或称为 ON/OFF 状态）读入输入过程映像寄存器。当外接的输入电路闭合时，对应的输入过程映像寄存器为 1 状态，梯形图中对应的输入点的常开触点接通，常闭触点断开；当外接的输入电路断开时，对应的输入过程映像寄存器为 0 状态，梯形图中对应的输入点的常开触点断开，常闭触点接通。

2. 执行用户程序

PLC 的用户程序由若干条指令组成，指令在存储器中按顺序排序。在 RUN 工作模式的程序执行阶段，如果没有跳转指令，CPU 从第一条指令开始逐条顺序地执行用户程序。

CPU 在执行指令时，从输入、输出过程映像寄存器或别的位元件的映像寄存器读出其 0/1 状态，并根据指令的要求执行相应的逻辑运算，运算的结果写入线圈相应的映像寄存器中，因此各映像寄存器（只读的输入过程映像寄存器除外）的内容随着程序的执行而变化。

在程序执行阶段，即使外部输入信号的状态发生变化，输入过程映像寄存器的状态也不会随之而变，输入信号变化的状态只能在下一个扫描周期的读取输入阶段被读入。执行程序时，对输入、输出信号的存取通常是通过映像寄存器，而不是实际的 I/O 点。

3. 处理通信请求

在处理通信请求阶段，CPU 处理从通信接口和智能模块接收到的信息，例如读取智能模块的信息并存放在缓冲区中，并在适当的时候将信息传送给通信请求方。

4. 自诊断检查

自诊断检查包括定期检查 CPU 的操作和扩展模块的状态是否正常，将监控定时器复位，以及完成一些别的内部工作。

5. 改写输出

CPU 执行完用户程序后，将输出过程映像寄存器的 0/1 状态传送到输出模块并锁存器来。当梯形图中某一输出点的线圈"通电"时，对应的输出过程映像寄存器中存放的二进制数为（1 状态）。信号经输出模块隔离和功率放大后，继电器型输出模块中对应的硬件继电器的线圈通电,其常开触点闭合,使外部负载通电工作。当梯形图中输出点的线圈"断电"时,对应的输出过程映像寄存器中存放的二进制数为 0(0 状态),将它送到继电器型输出模块,对应的硬件继电器的线圈断电,其常开触点断开,使外部负载断电,停止工作。

当 CPU 的工作模式从 RUN 变为 STOP 时,数字量输出被置为系统块中的输出表定义的状态,或保持当时的状态不变,默认的设置是将数字量输出清零。

6. 中断程序的处理

如果使用了中断程序,中断事件发生时,CPU 将停止正常的扫描工作模式,立即执行中断程序,中断功能可以提高 PLC 对某些事件的响应速度。

7. 扫描周期

PLC 在 RUN 工作状态时,执行一次扫描操作所需的时间称为扫描周期,其典型值为 1~100 ms。指令执行所需的时间与用户程序的长短、指令的种类和 CPU 执行指令的速度有很大的关系。当用户程序较长时,指令执行时间在扫描周期中占相当大的比例。

● 做中学

一、任务要求

(1)了解 PLC 硬件结构及系统组成。

(2)掌握 PLC 外围直流控制与负载线路的接法,以及上位计算机与 PLC 通信参数的设置。

(3)学习使用博图 V13 SP1 编程软件完成任务。

二、所需设备、材料和工具

所需设备、材料和工具如表 4-2 所示。

表 4-2 所需设备、材料和工具

| 名称 | 规格 | 数量 |
| --- | --- | --- |
| PLC | S7-1200 型 | 1 |
| 实训导线 | 配套线 | 若干 |
| 网线 | — | 1 |
| 计算机 | — | 1 |

三、任务内容

1. 常用位逻辑指令使用

(1)标准触点:从存储器或过程映像寄存器中得到常开触点指令(LD、A 和 O)与常闭触点指令(LDN、AN、ON)参考值。当该位为 1 时,常开触点闭合;当该位为 0 时,常闭触点打开。

(2)输出:输出指令(=)将新值写入输出点的过程映像寄存器。当输出指令执行时,主机 PLC 将输出过程映像寄存器中的位接通或断开。

(3)"与"逻辑:当 I0.0、I0.1 状态均为 1 时,Q0.0 有输出;当 I0.0、I0.1 两者

有任何一个状态为0时，Q0.0输出立即为0。

（4）"或"逻辑：当I0.0、I0.1状态有任意一个为1时，Q0.1有输出；当I0.0、I0.1状态均为0时，Q0.1输出为0。

（5）"非"逻辑：当I0.0、I0.1状态均为0时，Q0.2有输出；当I0.0、I0.1两者有任何一个状态为1时，Q0.2输出立即为0。

2. 程序流程图

程序流程图如图4-10所示。

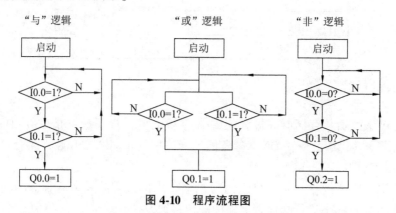

图4-10　程序流程图

3. 端口分配

端口功能如表 4-3 所示。

表 4-3 端口功能

| 序号 | PLC 地址（PLC 端子） | 电气符号（面板端子） | 功能说明 |
| --- | --- | --- | --- |
| 1 | I0.0 | K0 | 平动按钮 01 |
| 2 | I0.1 | K1 | 平动按钮 02 |
| 3 | Q0.0 | L0 | "与"逻辑输出指示 |
| 4 | Q0.1 | L1 | "或"逻辑输出指示 |
| 5 | Q0.2 | L2 | "非"逻辑输出指示 |
| 6 | 主机 1M 接电源 GND | | 电源地端 |
| 7 | 主机 1L、2L 接电源+24 V | | 电源正端 |

4. 操作步骤

通过网线连接计算机与 PLC 主机。打开编程软件，逐条输入程序，检查无误后将所编程序下载到 PLC 主机内，运行指示灯点亮，表明程序开始运行，拨动输入开关 I0.0、I0.1 有关的指示灯将显示运行结果。

分别拨动输入开关 I0.0、I0.1，观察输出指示灯 Q0.0、Q0.1、Q0.2 是否符合逻辑。

## 四、任务评价

任务评价如表 4-4 所示。

表 4-4 安装 S7-1200 型 PLC 的硬件任务评价表

| 任务名称 | 安装 S7-1200 型 PLC 的硬件 | 学生姓名 | | 学号 | | 组号 | | 班级 | | 日期 | |
| --- | --- | --- | --- | --- | --- | --- | --- | --- | --- | --- | --- |
| 项目内容 | | 评分标准 | | | | | | | | 得分 | |
| 输入与输出项目的连接 | | 1. 电源接线步骤正确（10 分） | | | | | | | | | |
| | | 2. 接地线安装正确（15 分） | | | | | | | | | |
| | | 3. 不损坏电气元件（10 分） | | | | | | | | | |
| | | 4. 拆装方法正确（5 分） | | | | | | | | | |
| HHP 输入 | | 1. 能进行程序输入（30 分） | | | | | | | | | |
| | | 2. 能进行程序插入（10 分） | | | | | | | | | |
| | | 3. 能进行程序删除（10 分） | | | | | | | | | |
| 文明生产、小组合作 | | 严格遵守安全规程、生产文明、规范操作；小组协作、共同完成（10 分） | | | | | | | | | |
| 总评 | | | | | | | | | | | |

## 任务二  认识 PLC 的软件

### 一、学习目标
（1）了解 PLC 的软件组成及各部分功能。
（2）学会用 PLC 编写控制程序。

### 二、所需设备、材料和工具
所需设备、材料和工具如表 4-5 所示。

表 4-5  所需设备、材料和工具

| 名称 | 规格 | 单位 | 数量 |
| --- | --- | --- | --- |
| PLC | S7-1200 型 | 个 | 1 |
| 计算机 | — | 台 | 1 |
| 交流接触器 | CJ20-20 | 个 | 1 |
| 热继电器 | JR16 | 个 | 1 |
| 按钮 | — | 个 | 红、绿各 1 |
| 电工常用工具 | — | 套 | 1 |
| 导线 | — | — | 若干 |

### 三、学习内容

**1. PLC 软件的组成**

PLC 软件由系统程序和用户程序组成。系统程序由 PLC 制造厂商设计编写，并存入 PLC 的系统存储器中，用户不能直接读写与更改。系统程序一般包括系统诊断程序、输入处理程序、编译程序、信息传送程序、监控程序等。

PLC 的用户程序是用户利用 PLC 的编程语言，根据控制要求编制的程序。在 PLC 的应用中，最重要的是用 PLC 的编程语言来编写用户程序，以实现控制目的。由于 PLC 是专门为工业控制而开发的装置，其主要使用者是广大电气技术人员，为了满足他们的传统习惯和掌握能力，PLC 的主要编程语言采用比计算机语言简单、易懂、形象的专用语言。

PLC 编程语言是多种多样的，不同生产厂家、不同系列的 PLC 产品采用的编程语言的表达方式也不相同，但基本上可归纳为两种类型：一是采用字符表达方式的编程语言，如语句表等；二是采用图形符号表达方式的编程语言，如梯形图等。

**2. PLC 工作过程举例**

下面用一个简单的例子来进一步说明 PLC 的扫描工作过程。图 4-11 梯形图中的 I0.1 与 I0.2 是输入变量，Q0.0 是输出变量，它们都是梯形图中的编程元件。I0.1 与接在输入端子 0.1 的 SB1 的常开触点和输入过程映像寄存器 I0.1 相对应，Q0.0 与接在输出端子 0.0 的 PLC 内的输出电路和输出过程映像寄存器 Q0.0 相对应。

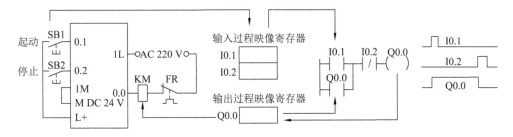

**图 4-11　PLC 外部接线图与梯形图**

梯形图以指令（或称语句）的形式储存在 PLC 的用户程序存储器中，梯形图与下面的 4 条指令相对应，"//"之后是该指令的注释。

LD　　I0.1　　//装载指令，接在左侧"电源线"上的 I0.1 的常开触点
O　　 Q0.0　　//"或"运算指令，与 I0.1 的常开触点并联的 Q0.0 的常开触点
AN　　I0.2　　//取反后进行"与"运算，与并联电路串联的 I0.2 的常闭触点
=　　 Q0.0　　//赋值指令，Q0.0 的线圈

图 4-11 中的梯形图完成的逻辑运算为

$$Q0.0 = (I0.1 + Q0.0) \cdot \overline{I0.2}$$

在读取输入阶段，CPU 将 SB1 和 SB2 的常开触点的 ON/OFF 状态读入相应的输入过程映像寄存器，外部触点接通时将二进制数 1 存入寄存器；反之存入 0。

执行第一条指令时，从输入过程映像寄存器 I0.1 中取出二进制数，并存入堆栈的栈顶，堆栈是存储器中一片特殊的区域。

执行第二条指令时，从输出过程映像寄存器 Q0.0 中取出二进制数，并与栈顶中的二进制数相"或"（触点的并联对应"或"运算），运算结果存入栈顶。运算结束后只保留运算结果，不保留参与运算的数据。

执行第三条指令时，因为是常闭触点，取出输入过程映像寄存器 I0.2 中的二进制数后将它取反（如果是 0 则变为 1，如果是 1 则变为 0），取反后与前面的运算结果相"与"（电路的串联对应"与"运算），运算结果存入栈顶。

执行第四条指令时，将栈顶中的二进制数送入 Q0.0 的输出过程映像寄存器。

在修改输出阶段，CPU 将各输出过程映像寄存器中的二进制数传送给输出模块并锁存起来，如果输出过程映像寄存器 Q0.0 中存放的是二进制数 1，外接的 KM 线圈将通电；反之将断电。

3. 输入/输出滞后时间

输入/输出滞后时间又称系统响应时间，是指从 PLC 的外部输入信号发生变化的时刻至它控制的有关外部输出信号发生变化的时刻之间的时间间隔。它由输入电路的滤波时间、输出电路的滞后时间和因扫描工作方式产生的滞后时间三部分组成。

输入电路用 RC 滤波电路或软件来滤波，以防止由于输入触点抖动或外部干扰脉冲引起错误的输入信号。S7-1200 型 PLC 的输入点的滤波延迟时间可以用编程软件中的系统块来设置。输出模块的滞后时间与模块的类型有关，继电器型输出电路的滞后时间一般在 10 ms 左右；场效应管型输出电路的滞后时间最短为微秒级，最长为 100 多微秒。

由扫描工作方式引起的滞后时间最长可达两三个扫描周期。

PLC 总的响应延迟时间一般只有几毫秒至几十毫秒，对于一般的系统是无关紧要的。要求输入/输出滞后时间尽量短的系统，可以选用扫描速度快的 PLC 或采取其他措施。

### 做中学

#### 一、任务要求
（1）应用 S7-1200 编程软件进行梯形图程序的输入。
（2）应用 S7-1200 编程软件进行梯形图程序的修改。
（3）进行程序的转换，将程序输入 PLC 中。

#### 二、任务内容
图 4-12 是抢答器的设计图，该抢答器有三个输入，分别为 I0.0、I0.1 和 I0.2，输出分别为 Q4.0、Q4.1 和 Q4.2，复位输入是 I0.4。要求：三人中任意抢答，谁先按按钮，谁的指示灯优先亮，且只能亮一盏灯，进行下一问题时主持人按复位按钮，抢答重新开始。

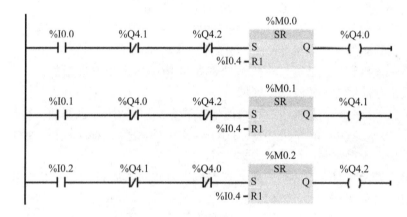

图 4-12　抢答器的设计图

1. 实现过程

（1）I0.0 为选手 1，当选手 1 抢答的时候，选手 2（Q4.1）和选手 3（Q4.2）无法抢答；如果他们已经抢答了，则选手 1 不能再抢答。因此，用选手 2 和选手 3 的抢答结果来控制选手 1。类似地，选手 2（I0.1）受到选手 1（Q4.0）和选手 3（Q4.2）的制约，选手 3（I0.2）受到选手 1（Q4.0）和选手 2（Q4.1）的制约。

（2）所有人都受裁判 I0.4 的控制。

2. 操作步骤

（1）用 S7-1200 编程软件生成用户程序。
（2）下载用户程序，通过 CPU 与运行 S7-1200 编程软件的计算机的以太网通信，执行项目的下载、上传、监控和故障诊断等任务。
（3）调试程序。

## 三、任务评价

任务评价如表4-6所示。

**表4-6  S7-1200编程软件的应用任务评价表**

| 任务名称 | S7-1200<br>编程软件的应用 | | 学生姓名 | | 学号 | | 组号 | | 班级 | | 日期 | |
|---|---|---|---|---|---|---|---|---|---|---|---|---|
| 项目内容 | | 配分 | 评分标准 | | | | | | | | 得分 | |
| 编辑梯形图 | | 30分 | 1. 梯形图的编辑,每处错误扣10分 | | | | | | | | | |
| | | | 2. 输入位置,每处错误扣10分 | | | | | | | | | |
| 编辑指令表 | | 30分 | 1. 不会进行梯形图与指令表转换,扣20分 | | | | | | | | | |
| | | | 2. 指令编辑,每次错误扣10分 | | | | | | | | | |
| 程序的转换<br>与输入 | | 30分 | 1. 不会进行程序转换,扣20分 | | | | | | | | | |
| | | | 2. 不会将程序输入PLC,扣10分 | | | | | | | | | |
| | | | 3. 不会进行程序的检查,扣10分 | | | | | | | | | |
| 文明生产、小组合作 | | 10分 | 严格遵守安全规程、文明生产、规范操作;小组协作、共同完成 | | | | | | | | | |
| 总评 | | | | | | | | | | | | |

## 项目二 利用 PLC 改造三相异步电动机基本控制线路

### 任务一 利用 PLC 控制三相异步电动机正反转

**一、学习目的**

(1) 掌握 STEP 7-Micro/WIN 编程软件的使用方法。

(2) 掌握 S7-1200 型 PLC 的结构和外部接线方法。

**二、学习内容**

利用 PLC 改造三相异步电动机基本控制线路，正确识读给定的电路图；将控制电路部分改为 PLC 控制，正确绘制 PLC 的 I/O（输入/输出）接线图并设计 PLC 梯形图。三相异步电动机的正反转控制线路图如图 4-13 所示。

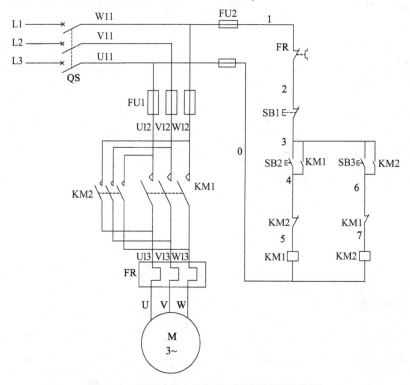

图 4-13 三相异步电动机的正反转控制线路图

西门子 S7-1200 型 PLC 的常用基本指令有 10 条。以下为常用指令的介绍。

1. 取指令

指令符：LD　　梯形图符：⊣ ⊢

功能：用于网络块逻辑运算开始的常开触点及在分支电路块开始的常开触点与母线的连接。

2. 取反指令

指令符：LDN　　梯形图符：⊣/⊢

功能：用于网络块逻辑运算开始的常闭触点及在分支电路块开始的常闭触点与母线的连接。

3. 与指令

指令符：A　　梯形图符：⊣ ⊢

数据：接点号。

功能：逻辑"与"操作，即串联一个常开接点。

4. 与非指令

指令符：AN　　梯形图符：⊣/⊢

数据：接点号，范围同 A 指令。

功能：逻辑"与非"操作，即串联一个常闭接点。

5. 或指令

指令符：O　　梯形图符：⊣⊢

数据：接点号，范围同 A 指令。

功能：逻辑"或"操作，即并联一个常开接点。

6. 或非指令

指令符：ON　　梯形图符：⌐⌐

数据：接点号，范围同 A 指令。

功能：逻辑"或非"操作，即并联一个常闭接点。

7. 非指令

指令符：NOT　　梯形图符：⊣NOT⊢

数据：接点号，范围同 A 指令。

功能：逻辑"或非"操作，即并联一个常闭接点。

8. 输出指令

指令符：=　　梯形图符：⊣( )

数据：继电器线圈号。

功能：将逻辑行的运算结果输出。

使用说明：

（1）LD、LDN 指令不只用于网络块逻辑运算开始时与母线相连的常开和常闭触点，在分支电路块的开始也要使用 LD、LDN 指令，与后面要讲的电路块与（ALD）、电路块或（OLD）指令配合完成块电路的编程。

（2）并联的"＝"指令可连续使用任意次。

（3）在同一程序中不能使用双线圈输出，即同一个元器件在同一程序中只使用一次"＝"指令。

（4）LD、LDN、"＝"指令的操作数为：I、Q、M、SM、T、C、V、S 和 L。T 和 C 也作为输出线圈，但在 S7-1200 型 PLC 中输出时不以使用"＝"指令的形式出现。

9. 电路块与指令

指令符：ALD　　梯形图符：无

数据：无

功能：将两个电路块串联起来。

10. 电路块或指令

指令符：OLD　　梯形图符：无

数据：无

功能：将两个电路块并联起来。

● 做中学

### 一、任务要求

（1）应用 STEP 7-Micro/WIN 编程软件进行梯形图程序的输入。

（2）应用 STEP 7-Micro/WIN 编程软件进行梯形图程序的修改。

（3）进行程序的转换，将程序输入 PLC 中。

### 二、所需设备、材料和工具

所需设备、材料和工具如表 4-7 所示。

表 4-7　所需设备、材料和工具

| 名称 | 规格 | 单位 | 数量 |
| --- | --- | --- | --- |
| PLC | S7-1200 型 | 台 | 1 |
| 交流接触器 | — | 个 | 2 |
| 三联按钮盒 | — | 个 | 1 |
| 三相异步电动机 | — | 台 | 1 |

### 三、任务内容

1. 选择控制元件和分配接线端子

根据电动机顺序控制要求，选择控制元件及分配接线端子。表 4-8 为选择的控制元件及分配的接线端子，仅供参考。

表 4-8　控制元件及接线端子

| 输入 | | | 输出 | | |
| --- | --- | --- | --- | --- | --- |
| 控制元件 | 控制功能 | 接线端子 | 控制元件 | 控制功能 | 接线端子 |
| 按钮 SB1 | M1 的正转控制 | I0.0 | 接触器 KM1 | 控制电动机 M1 | Q0.0 |
| 按钮 SB2 | M1 的反转控制 | I0.1 | 接触器 KM2 | 控制电动机 M1 | Q0.2 |
| 按钮 SB3 | 正常停止按钮 | I0.2 | | | |
| FR | 对 M1 进行热保护 | I0.3 | | | |

2. PLC 接线图

根据选择的元件及其接线端子的分配，画出 PLC 外部接线示意图，然后根据接线示意图连接 PLC 外部电路。图 4-13 所示的外部接线示意图仅供参考。

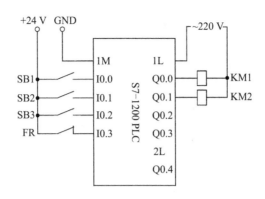

图 4-13 外部接线示意图

3. PLC 梯形图

在编程软件上画出本任务的梯形图。

### 四、任务评价

任务评价如表 4-9 所示。

表 4-9 利用 PLC 控制三相异步电动机正反转任务评价表

| 任务名称 | 利用 PLC 控制三相异步电动机正反转 | | 学生姓名 | | 学号 | | 组号 | | 班级 | | 日期 | |
|---|---|---|---|---|---|---|---|---|---|---|---|---|
| 项目内容 | | 配分 | 评分标准 | | | | | | | | 得分 | |
| PLC 接线 | | 30 分 | 1. PLC 硬件接线，每处错误扣 5 分 | | | | | | | | | |
| | | | 2. 线标，每处错误扣 5 分 | | | | | | | | | |
| PLC 梯形图 | | 30 分 | 1. 不会进行梯形图与指令表转换，扣 20 分 | | | | | | | | | |
| | | | 2. 梯形图的编辑，每处错误扣 5 分 | | | | | | | | | |
| 程序的转换与输入 | | 30 分 | 1. 不会进行程序转换，扣 20 分 | | | | | | | | | |
| | | | 2. 不会将程序输入 PLC，扣 10 分 | | | | | | | | | |
| | | | 3. 不能进行程序的检查，扣 10 分 | | | | | | | | | |
| 文明生产、小组合作 | | 10 分 | 严格遵守安全规程、文明生产、规范操作；小组协作、共同完成 | | | | | | | | | |
| 总评 | | | | | | | | | | | | |

## 任务二　利用 PLC 控制自动配料装车系统

● 知识储备

利用 PLC 控制自动配料装车系统的作用在于提高生产效率、确保配料的精确性、减少人工成本、提升装车速度和安全性。通过自动化控制，可以实现连续不间断的生产流程，避免人为错误，同时对生产数据进行实时监控和记录，便于后续的质量追踪和管理。

自动配料装车系统包括传感器、执行器、控制单元和用户界面。其中,控制单元处理传感器数据,发出控制指令。系统采用的控制策略包括 PID、模糊控制或神经网络控制。系统需要考虑可扩展性和维护性,未来将更智能化、网络化。

一、学习目的

(1) 掌握增/减计数器指令的使用及编程。
(2) 掌握自动配料装车控制系统的接线、调试和操作。
(3) 学习使用博图 V13 SP1 编程软件。

二、学习内容

1. 工作原理

(1) 总体控制要求:系统由料斗、传送带、检测系统组成。配料装置能自动识别货车到位情况及对货车进行自动配料,当车装满时,配料系统自动停止配料;当料斗物料不足时,系统停止配料并自动进料。

(2) 闭合"启动"开关,红灯 L2 灭,绿灯 L1 亮,表明允许汽车开进装料。料斗出料口 D2 关闭,若物料检测传感器 S1 置为 OFF(料斗中的物料不满),则进料阀开启进料(D4 亮)。当 S1 置为 ON(料斗中的物料已满)时,则停止进料(D4 灭)。电动机 M1、M2、M3 和 M4 均为 OFF。

(3) 当汽车开进装车位置时,限位开关 SQ1 置为 ON,红灯 L2 亮,绿灯 L1 灭;同时系统启动电动机 M4,经过 1 s 后启动 M3,经过 2 s 后启动 M2,再经过 1 s 后启动 M1,又经过 1 s 后打开出料阀(D2 亮),物料经料斗出料。

(4) 当车装满时,限位开关 SQ2 置为 ON,料斗关闭,M1 停止 1 s,M2 在 M1 停止 1 s 后停止,M3 在 M2 停止 1 s 后停止,M4 在 M3 停止 1 s 后最后停止。同时红灯 L2 灭,绿灯 L1 亮,表明汽车可以开走。

(5) 关闭"启动"开关,自动配料装车的整个系统停止运行。

2. 程序流程图

程序流程如图 4-14 所示。

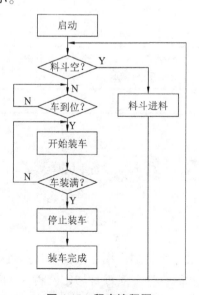

图 4-14 程序流程图

3. 端口分配

端口分配及功能如表 4-10 所示。

表 4-10　端口分配及功能表

| 序号 | PLC 地址 | 电气符号 | 功能说明 |
|---|---|---|---|
| 1 | I0.0 | SD | 启动（SD） |
| 2 | I0.1 | SQ1 | 运料车到位检测 |
| 3 | I0.2 | SQ2 | 运料车物料检测 |
| 4 | I0.3 | S1 | 料斗物料检测 |
| 5 | Q0.0 | D1 | 运料车装满指示 |
| 6 | Q0.1 | D2 | 料斗下料 |
| 7 | Q0.2 | D3 | 料斗物料充足指示 |
| 8 | Q0.3 | D4 | 料斗进料 |
| 9 | Q0.4 | L1 | 允许进车 |
| 10 | Q0.5 | L2 | 运料车到位指示 |
| 11 | Q0.6 | M1 | 电动机 M1 |
| 12 | Q0.7 | M2 | 电动机 M2 |
| 13 | Q1.0 | M3 | 电动机 M3 |
| 14 | Q1.1 | M4 | 电动机 M4 |
| 15 | 主机 1M 接电源+24 V | | 电源正端 |
| 16 | 主机 1L、2L、3L 接电源 GNDV | | 电源地端 |

● 做中学

一、任务要求

（1）根据功能要求，完成自动配料装车控制系统的设计。

（2）掌握自动配料装车控制系统的接线、调试和操作。

（3）学习使用博图 V13 SP1 编程软件完成任务。

二、所需设备、材料和工具

所需设备、材料和工具如表 4-11 所示。

表 4-11　所需设备、材料和工具

| 名称 | 规格 | 单位 | 数量 |
|---|---|---|---|
| PLC | S7-1200 型 | 台 | 1 |
| 交流接触器 | — | 个 | 2 |
| 三联按钮盒 | — | 个 | 1 |
| 三相异步电动机 | — | 台 | 1 |

### 三、任务内容

（1）检查所用设备并调试程序。

（2）按照 I/O 端口分配表或接线图完成 PLC 与实验模块之间的接线，认真检查，确保正确无误。

（3）打开示例程序或自己编写的控制程序，进行编译，有错误时根据提示信息修改，直至无误，用网线通信编程电缆连接计算机串口与 PLC 通信口，打开 PLC 主机电源开关，下载程序至 PLC 中，下载完毕后将 PLC 置为 RUN 状态。

（4）打开启动开关后，将 S1 开关拨至 OFF，模拟料斗未满，观察下料口 D2、D4 工作状态。

（5）将 SQ1 拨至 OFF、SQ2 拨至 ON，模拟货车已到指定位置，观察电动机 M1、M2、M3 及 M4 的工作状态。

（6）将 SQ1 拨至 ON、SQ2 拨至 OFF，模拟货车已装满，观察电动机 M1、M2、M3 及 M4 的工作状态。

（7）关闭启动开关后，系统停止工作。

### 四、任务总结

（1）总结增/减计数指令的使用方法。

（2）总结记录 PLC 与外部设备的接线过程及注意事项。

### 五、任务评价

表 4-12 利用 PLC 控制自动配料装车系统任务评价表

| 任务名称 | 利用 PLC 控制自动配料装车系统 | | 学生姓名 | | 学号 | | 组号 | | 班级 | | 日期 | |
|---|---|---|---|---|---|---|---|---|---|---|---|---|
| 项目内容 | | 配分 | 评分标准 | | | | | | | | 得分 | |
| 电路的设计 | | 30 分 | 电气元件漏检或错误，每处扣 2 分 | | | | | | | | | |
| 安装接线 | | 30 分 | 1. 不按接线图安装，扣 10 分 | | | | | | | | | |
| | | | 2. 元件安装不牢固、不匀称、不合理，每处扣 5 分 | | | | | | | | | |
| | | | 3. 损坏元件，扣 20 分 | | | | | | | | | |
| | | | 4. 不按电路图接线，扣 15 分 | | | | | | | | | |
| | | | 5. 布线不符合要求，每根扣 3 分 | | | | | | | | | |
| | | | 6. 接电不符合要求，每处扣 2 分 | | | | | | | | | |
| | | | 7. 损坏导线线芯或绝缘，每处扣 5 分 | | | | | | | | | |
| 程序的输入与调试 | | 30 分 | 1. 能正确输入 PLC 程序（15 分） | | | | | | | | | |
| | | | 2. 按照被控制设备的动作要求调试，达到设计要求（15 分） | | | | | | | | | |
| 文明生产、小组合作 | | 10 分 | 严格遵守安全规程、文明生产、规范操作；小组协作，共同完成 | | | | | | | | | |
| 总评 | | | | | | | | | | | | |

### 六、思考与拓展

(1) 简述 PLC 的定义。
(2) PLC 有哪些主要特点？
(3) 与继电器控制系统相比，PLC 有哪些优点？
(4) PLC 可以用在哪些领域？

### ● 思政课堂

PLC 是一种面向工业控制的实时嵌入式计算机，通过专用的控制语言可以实现各类逻辑控制及流程控制。以 PLC 为中心，可以构建面向国防军工、制造、轨道交通、电力、水利、市政等领域的自动化控制系统。PLC 系统已经成为现代数字工业体系的"大脑"，可全面掌握各类核心工艺数据及运行数据，直接决定和保障国家工业体系及国防装备体系安全健康运行。

PLC 问世近 60 年来，实现了工业控制领域继电器接线逻辑到存储逻辑的飞跃，功能从弱到强；实现了从逻辑控制到数字控制的进步，应用领域从小到大；还实现了单体设备简单控制到复杂运动控制、过程控制以及集散控制等各种任务的跨越。

我国 PLC 的研发应用从 20 世纪 70 年代开始，按照发展特点可分为四个时期，分别为初始发展期、引进应用期、国产化发展期和深度自主化期。

1. 初始发展期

我国在 20 世纪 70 年代中期，研制了第一台具有实用价值的国产 PLC，并应用于工业生产控制。该时期主要以引进消化和二次开发国外产品为主，在引进生产线方面，建立合资企业引进国外 PLC 生产线，如 1986 年引进的西门子 S5 系列 PLC 生产线，1988 年建立的 ABB 公司 PLC 生产线等；在引进成套设备方面，钢铁、水利等领域引进进口 PLC 的成套设备，取代了传统继电器，实现工艺过程的逻辑控制，如上海宝钢一期工程中引进的 200 余台 PLC 实现传输带控制，首钢 4 号高炉引进进口 PLC 实现上料、加料和配料控制。同时，20 世纪 80 年代在原机械工业部的组织下，以北京机械工业自动化研究所为代表的科研院所开始研制第一代国产 PLC，先后形成了 MPC-20、MPC-85、DJK-S-480 等系列产品。

2. 引进应用期

20 世纪 90 年代初期，国内工业自动化程度相对偏低，PLC 市场容量较小，而 PLC 研发需要投入较多的资金和人力，短期内得不到回报，部分科研院所转向系统集成，采用进口 PLC 产品开展控制系统工程应用，进口 PLC 产品逐渐占领国内市场，德国西门子、ABB 及其他知名品牌的 PLC 开始大举进入中国市场，进口 PLC 市场占比高达 99%。1995 年后，我国 PLC 市场形成了大型 PLC 以欧美产品为主、中型 PLC 欧洲和日本产品平分秋色、小型 PLC 以日本产品为主的格局。国产 PLC 的技术发展与推广应用较为缓慢，但是 PLC 在国内的体系化发展逐渐得到重视，1991 年我国成立了中国机电一体化应用协会 PLC 应用分会，推进 PLC 技术与产品开发、生产与应用等工作；1993 年成立了全国工业过程测量和控制标准化技术委员会可编程序控制器系统标准化技术委员会，建立了我国 PLC 系统标准体系，为我国 PLC 技术和产业的发展奠定了基础。

### 3. 国产化发展期

进入21世纪后，随着国内制造业的快速发展，PLC需求量猛增，部分企业看到市场机遇后开始进入该领域，研制生产国产PLC产品，在制造、非标机械、动力设备等领域取得了规模应用。但是，该时期的国产PLC以小型PLC产品为主，缺乏核心技术，基础零部件均采用进口产品，与国外厂商相比，产业规模都比较小。例如，2013年国内PLC市场规模78亿元，国内企业无锡信捷电气股份有限公司凭借高性价比小型PLC以1.6%的市场份额进入市场排名前十。

### 4. 深度自主化期

受国际局势变化等因素影响，"十三五"期间，国家将关键信息基础设施作为网络安全的重中之重，其控制系统PLC被纳入网络关键设备进行管理，开启了关键基础设施控制系统深度自主化的征程。国内企业攻克PLC关键核心技术，基于国产软硬件平台研制了自主安全PLC产品，在电力发电、轨道交通、石油石化等能源领域开展推广应用。例如，2020年中国电子信息产业集团公司第六研究所研制的IM30系列PLC在火电、风电、市政天然气等领域应用，实现了关键基础设施的深度自主化。

# 附 录

**附表1 电气控制线路中常见图形符号和文字符号**

| 名称 | 图形符号 | 文字符号 新国标（GB/T 5094.1—2018、GB/T 5094.2—2018 和 GB/T 20939—2007） | 旧国标（GB 7159—1987） | 说明 |
|---|---|---|---|---|
| \multicolumn{5}{1. 电源} |||||
| 正极 | + | — | — | 正极 |
| 负极 | - | — | — | 负极 |
| 中线（中性线） | N | — | — | 中线（中性线） |
| 中间线 | M | — | — | 中间线 |
| 直流系统电源线 | L+<br>L- | — | — | 直流系统正电源线<br>直流系统负电源线 |
| 交流电源三相 | L1<br>L2<br>L3 | — | — | 交流系统电源第一组<br>交流系统电源第二组<br>交流系统电源第三组 |
| 交流设备三相 | U<br>V<br>W | — | — | 交流系统设备端第一相<br>交流系统设备端第二相<br>交流系统设备端第三相 |
| \multicolumn{5}{2. 接地和接机壳} |||||
| 接地 | ⏚ | XE | PE | 接地一般符号 |
| 接地 | (保护接地符号) | XE | PE | 保护接地 |
| 接地 | (外壳接地符号) | XE | PE | 外壳接地 |
| 接地 | (屏蔽层接地符号) | XE | PE | 屏蔽层接地 |
| 接地 | (接机壳符号) | XE | PE | 接机壳、接底板 |

续表

| 名称 | 图形符号 | 文字符号 新国标 (GB/T 5094.1—2018、GB/T 5094.2—2018 和 GB/T 20939—2007) | 文字符号 旧国标 (GB 7159—1987) | 说明 |
|---|---|---|---|---|
| 3. 导线和连接器件 ||||
| 导线 | | WD | W | 连线、连接、连线组<br>示例：导线、电缆电线、传输通路<br>如用单线表示一组导线时，导线的数目可标以相应数量的短斜线或一个短斜线后加导线的数字<br>示例：3 根导线 |
| | | | | 屏蔽导线 |
| | | | | 绞合导线 |
| 端子 | ● | XD | X | 连接、连接点 |
| | ○ | | | 端子 |
| | 水平画法 | | | |
| | 垂直画法 | | | 装置端子 |
| | | | | 连接孔端子 |
| 4. 基本无源元件 ||||
| 电阻 | | RA | R | 电阻器一般符号 |
| | | | | 可调电阻器 |
| | | | | 带滑动触点的电位器 |
| | | | | 光敏电阻 |
| | | | L | 电感器、线圈、绕组、扼流圈 |
| 电容 | | CA | C | 电容器一般符号 |

续表

| 名称 | 图形符号 | 文字符号 新国标（GB/T 5094.1—2018、GB/T 5094.2—2018 和 GB/T 20939—2007） | 文字符号 旧国标（GB 7159—1987） | 说明 |
|---|---|---|---|---|
| 5. 半导体器件 ||||||
| 二极管 |  | RA | V | 半导体二极管一般符号 |
| 光电二极管 |  |  |  | 光电二极管一般符号 |
| 发光二极管 |  | PG | VL | 发光二极管一般符号 |
| 三极晶体闸流管 |  | QA | VR | 反向阻断三极晶体闸流管，P 型控制极（阴极侧受控） |
|  |  |  |  | 反向导通三极晶体闸流管，N 型控制极（阳极侧受控） |
|  |  |  |  | 反向阻断三极晶体闸流管，N 型控制极（阳极侧受控） |
|  |  |  |  | 双向三极晶体闸流管 |
| 三极管 |  | KF | VT | PNP 半导体管 |
|  |  |  |  | NPN 半导体管 |
| 光敏三极管 |  |  | V | 光敏三极管（PNP 型） |
| 光耦合器 |  |  |  | 光耦合器 光隔离器 |

续表

| 名称 | 图形符号 | 文字符号 新国标（GB/T 5094.1—2018、GB/T 5094.2—2018 和 GB/T 20939—2007） | 文字符号 旧国标（GB 7159—1987） | 说明 |
|---|---|---|---|---|
| 电动机 | ⊛ | MA 电动机 | M | 电动机的一般符号。符号内的星号"*"用下述字母之一代替：C—旋转变流机；G—发电机；GS—同步发电机；M—电动机；MG—能作为发电机或电动机使用的电动机；MS—同步电动机 |
| | | GA 发电机 | G | |
| | M 3~ | MA | MA | 三相笼型异步电动机 |
| | M | MA | M | 步进电动机 |
| | M 3~ | MA | MV | 三相永磁同步交流电动机 |
| 双绕组变压器 | 样式1 | TA | T | 双绕组变压器（画出铁芯） |
| | 样式2 | | | 双绕组变压器 |
| 自耦变压器 | 样式1 | TA | TA | 自耦变压器 |
| | 样式2 | | | |
| 电抗器 | | RA | L | 扼流圈电抗器 |

续表

| 名称 | 图形符号 | | 文字符号 | | 说明 |
|---|---|---|---|---|---|
| | | | 新国标<br>(GB/T 5094.1—2018、<br>GB/T 5094.2—2018 和<br>GB/T 20939—2007) | 旧国标<br>(GB 7159—1987) | |
| 电流互感器 | 样式1 | | BE | TA | 电流互感器<br>脉冲变压器 |
| | 样式2 | | | | |
| 电压互传 | 样式1 | | | TV | 脉冲互感器 |
| | 样式2 | | | | |
| 发生器 | | | GA | GS | 电能发生器一般符号<br>信号发生器一般符号<br>波形发生器一般符号 |
| | | | | | 脉冲发生器 |
| 蓄电池 | | | GB | GB | 原电池、蓄电池、原电池或蓄电池组，长线代表阳极，短线代表阴极 |
| | | | | | 光电池 |
| 交换器 | | | | B | 交换器一般符号 |
| 整流器 | | | TB | U | 整流器 |
| | | | | | 桥式全波整流器 |

续表

| 名称 | 图形符号 | 文字符号 新国标 (GB/T 5094.1—2018、GB/T 5094.2—2018 和 GB/T 20939—2007) | 旧国标 (GB 7159—1987) | 说明 |
|---|---|---|---|---|
| 变频器 | $\boxed{-\!\!/\!\frac{f_1}{f_2}\!-}$ | TA | — | 变频器的一般符号 |
| 7. 触点 ||||| 
| 触点 | | KA KM KT Kl KV … | | 动合（常开）触点，本符号也可以用作开关的一般符号 |
| | | | | 动断（常闭）触点 |
| 延时动作触点 | | GA | KT | 当操作器件被吸合时延时闭合的动合触点 |
| | | | | 当操作器件被释放时延时断开的动合触点 |
| | | | | 当操作器件被吸合时延时断开的动合触点 |
| | | | | 当操作器件被释放时延时闭合的动合触点 |

续表

| 名称 | 图形符号 | 文字符号 新国标 (GB/T 5094.1—2018、GB/T 5094.2—2018 和 GB/T 20939—2007) | 旧国标 (GB 7159—1987) | 说明 |
|---|---|---|---|---|
| 8. 开关及开关部件 ||||| 
| 单机开关 |  | SF | S | 手动操作开关一般符号 |
| | | | SB | 具有动合触点且自动复位的按钮 |
| | | | | 具有动断触点且自动复位的按钮 |
| | | | SA | 具有动合触点但无自动复位的拉拔开关 |
| | | | | 具有动合触点但无自动复位的旋转开关 |
| | | | | 钥匙动合开关 |
| | | | | 钥匙动断开关 |
| 位置开关 | | BG | SQ | 位置开关,动合触点 |
| | | | | 位置开关,动断触点 |

续表

| 名称 | 图形符号 | 文字符号 新国标 (GB/T 5094.1—2018、GB/T 5094.2—2018 和 GB/T 20939—2007) | 文字符号 旧国标 (GB 7159—1987) | 说明 |
|---|---|---|---|---|
| 电力开关器件 | | QA | KM | 接触器的主动合触点（在非动作位置触点断开） |
| | | | | 接触器的主动断触点（在非动作位置触点闭合） |
| | | QB | QF | 断路器 |
| | | | QS | 隔离开关 |
| | | | | 三极隔离开关 |
| | | | | 负荷开关 负荷隔离开关 |
| | | | | 具有由内装的度量继电器或脱扣器触发的自动释放功能的负荷开关 |

续表

| 名称 | 图形符号 | 文字符号 新国标（GB/T 5094.1—2018、GB/T 5094.2—2018 和 GB/T 20939—2007） | 文字符号 旧国标（GB 7159—1987） | 说明 |
|---|---|---|---|---|
| | 9. 检测传感器类开关 | | | |
| 开关及触点 | | BG | SQ | 接近开关 |
| | | | SL | 液位开关 |
| | | BS | KS | 速度继电器触点 |
| | | BB | FR | 热继电器常闭触点 |
| | | BT | ST | 热敏自动开关（如双金属片） |
| | | | | 温度控制开关（当温度低于设定值时产生动作），把符号"<"改为">"后，温度开关就表示当温度高于设定值时产生动作 |
| | | BP | SP | 压力控制开关（当压力大于设定值时产生动作） |
| | | KF | SSR | 固态继电器触点 |
| | | | SP | 光电开关 |

续表

| 名称 | 图形符号 | 文字符号 | | 说明 |
|---|---|---|---|---|
| | | 新国标<br>(GB/T 5094.1—2018、<br>GB/T 5094.2—2018 和<br>GB/T 20939—2007) | 旧国标<br>(GB 7159—1987) | |
| 10. 继电器操作 | | | | |
| 线圈 | | QA | KM | 接触器线圈 |
| | | MB | YA | 电磁铁线圈 |
| | | KF | K | 电磁继电器线圈一般符号 |
| | | | KT | 延时释放继电器的线圈 |
| | | | | 延时吸合继电器的线圈 |
| | | | KV | 欠电压继电器线圈，把符号"<"改为">"表示过电压继电器线圈 |
| | | | KI | 过电流继电器线圈，把符号">"改为"<"表示欠电流继电器线圈 |
| | | | SSR | 固态继电器驱动器件 |
| | | BB | FR | 热继电器驱动器件 |
| | | MB | YV | 电磁阀 |
| | | | YB | 电磁制动器<br>(处于未开动状态) |

续表

| 名称 | 图形符号 | 文字符号 新国标（GB/T 5094.1—2018、GB/T 5094.2—2018 和 GB/T 20939—2007） | 文字符号 旧国标（GB 7159—1987） | 说明 |
|---|---|---|---|---|
| | 11. 熔断器和熔断器式开关 |||||
| 熔断器 | | FA | FU | 熔断器的一般符号 |
| | | QA | QKF | 熔断器式开关 |
| | | QF | GK | 熔断器式隔离开关 |
| | 12. 指示仪表 |||||
| 指示仪表 | | PG | PV | 电压表 |
| | | | PA | 检流计 |
| | 13. 灯和信号器件 |||||
| 灯和信号器件 | | EA 照明灯 | EL | 灯的一般符号，信号灯的一般符号 |
| | | PC 指示灯 | HL | |
| | | PG | HL | 闪光信号灯 |
| | | PB | HA | 电铃 |
| | | | HZ | 蜂鸣器 |

续表

| 名称 | 图形符号 | 文字符号 新国标 (GB/T 5094.1—2018、GB/T 5094.2—2018 和 GB/T 20939—2007) | 文字符号 旧国标 (GB 7159—1987) | 说明 |
|---|---|---|---|---|
| | | | | |
| 14. 测量传感器及变送器 | | | | |
| 传感器 | 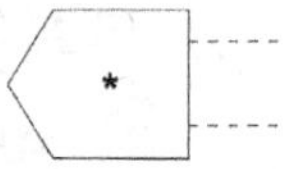 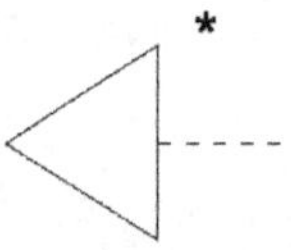 | B | — | 星号可用字母代替,前者还可以用图形符号代替。尖端表示感应或进入端 |
| 变送器 | 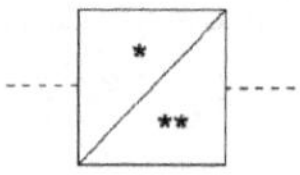 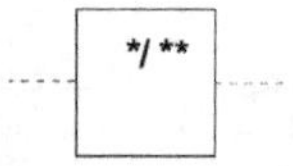 | TF | — | 星号可用字母代替,前者还可以用图形符号代替,后者用图形符号代替时放在下边空白处。双星号用输出量字母代替 |
| 压力变送器 | 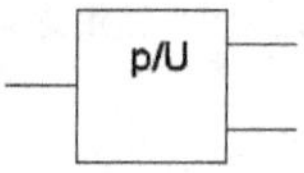 p/U | BP | SP | 输出为电压信号的压力变送器通用符号。输出若为电流信号,可把图中文字改为 p/I。可在图中方框下部的空白处增加小图标表示变送器的类型 |
| 流量计 | 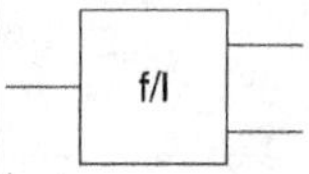 f/I | BF | F | 输出为电流信号的流量计通用符号。输出若为电压信号,可把图中文字改为 f/U。可在图中方框下部的空白处增加小图标表示流量计的类型 |
| 温度变送器 | 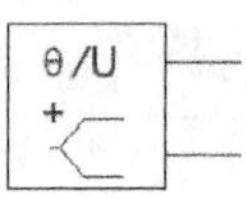 θ/U | BT | ST | 输出为电压信号的热电偶型温度变送器。输出若为电流信号,可把图中文字改为 θ/I。其他类型变送器可更改图中方框下部的小图标 |